Décio Barbin

Componentes de Variância

Teoria e Aplicações

COMPONENTES DE VARIÂNCIA

TEORIA E APLICAÇÕES

DÉCIO BARBIN

3ª EDIÇÃO

FEALQ

Av. Centenário, 1080
13416-000 Piracicaba, SP, Brasil
Fone: 19-3417-6609
livros@fealq.org.br
fealq.org.br

Dados Internacionais de Catalogação na Publicação
DIVISÃO DE BIBLIOTECA – DIBD/ESALQ/USP

Barbin, Décio
Componentes de variância: teoria e aplicações / Décio Barbin. - - 3. ed. - - Piracicaba: FEALQ, 2019
144 p. : il.

Bibliografia.
ISBN 978-85-7133-094-8
1. Componentes de variância I. Título

CDD 519.535
B237c3

Elaborada por Maria Angela de Toledo Leme - CRB-8/3359

SUMÁRIO

APRESENTAÇÃO

Deveríamos, talvez, chamar este trabalho de uma introdução ao estudo dos componentes de variância, mas preferimos manter esse título porque se trata de uma contribuição que oferecemos aos alunos de cursos de Pós-graduação matriculados na disciplina LME-851 – Componentes de Variância.

Após definirmos componentes de variância, enumeramos os métodos para sua obtenção, e ficamos apenas com o método da análise da variância, aplicado aos modelos balanceados. Somente em alguns casos mostramos os resultados para os não balanceados.

Apresentamos, em seguida, um método prático (Hicks, 1973) para a obtenção dos componentes de variância. Seguindo uma sugestão do Professor Adair J. Regazzi, mostramos uma pequena modificação nesse método, visando à coerência entre os resultados obtidos por ele e pelo método dedutivo.

São apresentadas também aplicações para a determinação de tamanho de amostra e em estudos de melhoramento genético.

Alguns aspectos permanecem indefinidos, permitindo ao leitor seguir caminhos diferentes dos aqui propostos.

O que empolga, no estudo dos Componentes de Variância, é que muitas ideias podem e devem ser discutidas. É um campo aberto e polêmico...

Queremos, finalmente, agradecer aos Professores F. Pimentel Gomes e Izaías R. Nogueira, com quem iniciamos os estudos nessa área, e às pessoas que nos auxiliaram: Maria Izalina Ferreira Alves, pelo incentivo e pela coordenação dos trabalhos de digitação; Jorge Antonio C. H. dos Santos, pelo excelente trabalho de digitação e composição eletrônica do texto; e Otto Ricardo Pieske, pela colaboração, principalmente na elaboração da capa.

Todas as sugestões serão muito bem aceitas.

O Autor

1

ESPERANÇA MATEMÁTICA

1.1. Definição

Seja X uma v.a. discreta assumindo os valores $x_1, x_2, ..., x_n$ com as seguintes probabilidades, respectivamente, $p_1, p_2, ..., p_n$. Definimos esperança matemática de X como

$$E(X) = \sum_{i=1}^{n} x_i p(x_i) = \sum_{i=1}^{n} x_i p_i$$

Se X for v.a. contínua, então,

$$E(X) = \int_{-\infty}^{\infty} x \, dp$$

onde dp é a diferencial de probabilidade, ou seja, dp = f(x)dx, em que f(x) é a função densidade da variável aleatória X.

Temos nessas definições que

$$\sum_{i=1}^{n} p_i = 1 \quad , \quad \int_{-\infty}^{\infty} dp = 1$$

1.2. Propriedades

1) $E(c) = c$, onde c é uma constante

2) $E(cX) = c\,E(X)$

3) $E(X + Y) = E(X) + E(Y)$

4) $E(XY) = E(X) \cdot E(Y)$ se X e Y forem independentes

1.3. Variância e covariância

1.3.1. Definições

Definimos a variância de uma v.a. como sendo

$$V(X) = E[X - E(X)]^2 = E(X^2) - [E(X)]^2$$

A covariância entre duas v.a. X e Y é definida por

$$\begin{aligned} Cov(X,Y) &= E\{[X - E(X)][Y - E(Y)]\} \\ &= E(XY) - E(X)E(Y) \end{aligned}$$

Podemos dessa expressão obter

$$E(XY) = E(X)\,E(Y) + Cov(X,Y)$$

Se X e Y forem independentes, então

$$Cov(X,Y) = 0 \quad \text{e} \quad E(X \cdot Y) = E(X) \cdot \mathrm{E}(Y)$$

1.3.2. Algumas propriedades de variância

1) $V(c) = 0$, em que c é uma constante.

2) $V(aX) = a^2V(X)$, onde a é constante, pois

$$V(aX) = E\{[aX - E(aX)]^2\} = a^2E\{[X - E(X)]^2\} = a^2V(X)$$

3) $V(X+Y) = V(X) + V(Y) + 2Cov(X,Y)$, pois

$$\begin{aligned} V(X+Y) &= E[(X+Y) - E(X+Y)]^2 \\ &= E\{[X - E(X)]^2 + E\{[Y - E(Y)]^2\} + \\ &\quad + 2E\{[X - E(X)][Y - E(Y)]\} \end{aligned}$$

$$\therefore\ V(X+Y) = V(X) + V(Y) + 2Cov(X,Y)$$

De modo análogo temos

$V(X-Y) = V(X) + V(Y) - 2Cov(X,Y)$

4) Variância de uma função linear de v.a.

$$V(a_1X_1 + a_2X_2 + ... + a_nX_n) = a_1^2V(X_1) + a_2^2V(X_2) + ... +$$
$$+ a_n^2V(X_n) + 2a_1a_2Cov(X_1,X_2) + ... + 2a_{n-1}a_nCov(X_{n-1},X_n)$$

1.3.3. Algumas propriedades de covariância

1) $Cov(c,X) = 0$, em que c é uma constante e X é v.a.

2) $Cov(cX,Y) = Cov(Y,cX) = c\ Cov(X,Y)$

1.3.4. Exercícios

Dado o modelo matemático

$$y_{ij} = m + t_i + e_{ij}$$

com m fixo, $E(m) = m$ e , $E(m^2) = m^2$

t_i com $i = 1, 2, ..., I$, fixo

$\therefore E(t_i) = t_i$ e $E(t_i^2) = t_i^2$

e_{ij} com $j = 1, 2, ..., J$, aleatório, de média zero e variância σ^2

$\therefore E(e_{ij}) = 0$ e $Var(e_{ij}) = E(e_{ij}^2) = \sigma^2$

e considerando que os efeitos aleatórios são não correlacionados, pede-se:

1) $E(y_{ij})$, $E(y_{ij}^2)$ e $V(y_{ij})$

2) $Cov(y_{ij}, y_{ij}')$ e $Cov(y_{ij}, y_{i'j})$, para $i \neq i'$ e $j \neq j'$

3) $V(\bar{y}_i)$, $V(\bar{y})$ e $V(\bar{y}_i - \bar{y}_{i'})$

Respostas:

Trat.	**Repetições**					
	1	2	...	j	...	J
1	y_{11}	y_{12}	...	y_{1j}	...	y_{1J}
2	y_{21}	y_{22}	...	y_{2j}	...	y_{2J}
...	...	...	...		...	...
i	y_{i1}	y_{i2}	...	y_{ij}	...	y_{iJ}
...	...	...	...		...	
I	y_{I1}	y_{I2}	...	y_{Ij}	...	y_{IJ}

1) $E(y_{ij}) = E(m + t_i + e_{ij}) = m + t_i$

$$E(y_{ij}^2) = E[(m + t_i + e_{ij})^2]$$
$$= E(m^2 + t_i^2 + e_{ij}^2 + 2mt_i + 2me_{ij} + 2t_ie_{ij})$$
$$= m^2 + t_i^2 + 2mt_i + \sigma^2$$

$$V(y_{ij}) = E(y_{ij}^2) - [E(y_{ij})]^2$$
$$= m^2 + t_i^2 + 2mt_i + \sigma^2 - m^2 - 2mt_i - t_i^2$$
$$= \sigma^2$$

Obs.: Se t_i for também aleatório de média zero e variância σ_t^2, temos que $V(y_{ij}) = \sigma_t^2 + \sigma^2$

2) $Cov(y_{ij}, y_{ij}) = E\{[y_{ij} - E(y_{ij})][y_{ij} - E(y_{ij})]\}$

$$= E[(m + t_i + e_{ij} - m - t_i)(m + t_i + e_{ij} - m - t_i)]$$
$$= E(e_{ij}e_{ij})$$

Se considerarmos os erros independentes, então

$$Cov(y_{ij}, y_{ij}) = E(e_{ij})E(e_{ij}) = 0$$
$$Cov(y_{ij}, y_{ij}) = E\{[y_{ij} - E(y_{ij})][y_{ij} - E(y_{ij})]\}$$
$$= E[(m + t_i + e_{ij} - m - t_i)(m + t_i + e_{ij} - m - t_i)]$$
$$= E(e_{ij}e_{ij}) = 0$$

3) $V(\bar{y}_i) = V[\frac{y_i}{J}]$

$$y_i = \sum_{j=1}^{J}(m + t_i + e_{ij}) = Jm + Jt_i + \sum_j e_{ij}$$

$$\bar{y}_i = \frac{1}{J} y_i = m + t_i + \frac{1}{J}\sum_j e_{ij}$$

$$V(\bar{y}_i) = E[\bar{y}_i - E(\bar{y}_i)]^2$$

Mas

$$E(\bar{y}_i) = m + t_i + \frac{1}{J} E[\sum_j e_{ij}]$$

$$= m + t_i + \frac{1}{J} E[e_{i1} + e_{i2} + ... + e_{iJ}]$$

$$= m + t_i$$

Logo

$$V(\bar{y}_i) = E[m + t_i + \frac{1}{J}\sum_j e_{ij} - m - t_i]^2$$

$$= \frac{1}{J^2} E[\sum_j e_{ij}]^2$$

$$= \frac{1}{J^2} E[e_{i1} + e_{i2} + ... + e_{ij}]^2$$

$$= \frac{1}{J^2} J\sigma^2 = \frac{1}{J}\sigma^2$$

$$V(\bar{y}) = E[\bar{y} - E(\bar{y})]^2$$

$$\bar{y} = \frac{y..}{IJ}$$

$$y = \sum_{ij}(m + t_i + e_{ij}) = IJm + J\sum_i t_i + \sum_{ij} e_{ij}$$

se admitirmos que $\sum t_i = 0$

$$y = IJm + \sum_{ij} e_{ij}$$

$$\bar{y} = m + \frac{1}{IJ}\sum_{ij} e_{ij} \quad \therefore \quad E(\bar{y}) = m$$

Logo

$$V(\bar{y}) = E(m + \frac{1}{IJ}\sum_{ij} e_{ij} - m)^2 = E(\frac{1}{IJ}\sum_{ij} e_{ij})^2$$

$$= \frac{1}{I^2 J^2} E[(\sum_{ij} e_{ij})^2] = \frac{1}{IJ}\sigma^2$$

Obs.: Se não tivéssemos admitido que $\sum t_i = 0$ (restrição imposta no sistema de equações normais), o resultado para $V(\bar{y})$ seria o mesmo (verifique).

$$V(\bar{y}_i - \bar{y}_{i'})$$

$$\bar{y}_i = m + t_i + \frac{1}{J}\sum_j e_{ij} \quad \therefore \quad E(\bar{y}_i) = m + t_i$$

$$\bar{y}_{i'} = m + t_{i'} + \frac{1}{J}\sum_j e_{i'j} \quad \therefore \quad E(\bar{y}_{i'}) = m + t_{i'}$$

$$V(\bar{y}_i - \bar{y}_{i'}) = E[\bar{y}_i - \bar{y}_{i'} - E(\bar{y}_i - \bar{y}_{i'})]^2$$

$$= E\{[\bar{y}_i - E(\bar{y}_i)] - [\bar{y}_{i'} - E(\bar{y}_{i'})]\}^2$$

$$= E[\frac{1}{J}\sum_j e_{ij} - \frac{1}{J}\sum_j e_{i'j}]^2$$

$$= \frac{1}{J^2} E[\sum_j e_{ij} - \sum_j e_{i'j}]^2$$

$$= \frac{1}{J^2} E\{[\sum_j e_{ij}]^2 + [\sum_j e_{i'j}]^2 - 2\sum_j e_{ij}\sum_j e_{i'j}\}$$

$$= \frac{1}{J^2} 2J\sigma^2 = \frac{2}{J}\sigma^2$$

Ou

$$\begin{aligned} V(\bar{y}_i - \bar{y}_{i'}) &= V(\bar{y}_i) + V(\bar{y}_{i'}) - 2Cov(\bar{y}_i, \bar{y}_{i'}) \\ &= \frac{1}{J}\sigma^2 + \frac{1}{J}\sigma^2 \\ &= \frac{2}{J}\sigma^2 \end{aligned}$$

2

COMPONENTES DE VARIÂNCIA

2.1. Definição

Componentes de variância são variâncias associadas aos efeitos aleatórios de um modelo matemático.

Entendemos como **efeito aleatório** aquele representativo de tratamentos (ou fatores) de uma amostra oriunda de determinada população.

Por exemplo: se de um rebanho tirarmos uma amostra de animais, estes animais entrarão no ensaio representando todo o rebanho.

Geralmente, blocos também são considerados de efeito aleatório, pois pretende-se que os resultados experimentais sejam válidos para todo o local. De modo análogo, os locais nos grupos de experimentos são considerados de efeito aleatório, já que se pretende estender os resultados para toda uma região.

Por outro lado, **efeitos fixos** ou parâmetros são aqueles cujas considerações são limitadas, isto é, são restritas aos tratamentos (ou níveis) ensaiados.

Por exemplo: níveis de nutrientes, espaçamentos para determinada cultura etc.

2.2. Modelos matemáticos fixos, aleatórios e mistos

Um modelo se diz **fixo** ou do **tipo I** quando os parâmetros nele existentes são todos de efeito fixo, com exceção feita ao erro.

Esse, seja qual for o modelo, será sempre normal e independentemente distribuído com média zero e variância σ^2.

Se o modelo contiver apenas efeitos aleatórios, com exceção da média, ele é dito **modelo aleatório** ou do **tipo II**.

Quando aparecem no modelo efeitos fixos e efeitos aleatórios, ele é dito **modelo misto** ou do **tipo III**.

Observações:

1) Uma análise de variância tem como um dos principais objetivos a obtenção da estatística F.

   Porém, como será visto, outro objetivo de grande importância no melhoramento genético, vegetal ou animal é a obtenção das estimativas dos componentes de variância.

2) A obtenção da análise da variância é sempre feita considerando-se o modelo como fixo.

2.3. Como obter estimativas de componentes de variância

Existem vários métodos para se obterem estimativas de componentes de variância.

O mais usado é o chamado método dos momentos ou da análise de variância.

Esse método consiste em obter a esperança matemática dos quadrados médios da análise da variância.

Então, podemos obter estimativas dos componentes de variância igualando os QM da análise às suas respectivas esperanças matemáticas. Assim: se $E(QMRes) = \sigma^2$, então:

$$\hat{\sigma}^2 = QM\ Resíduos$$

Ex.: $QM\ Res = 420{,}00 \Rightarrow \hat{\sigma}^2 = 420$

CAPÍTULO 2

Outros métodos são:

- O da Máxima Verossimilhança, os Henderson (métodos I, II e III), são também de análise de variância para dados não balanceados.
- O da Máxima Verossimilhança Restrita.
- Os de Rao (MINQUE – Minimum Norm Quadratic Unbiased Estimative e MIVQUE – Minimum Variance Quadratic Unbiased Estimative).
- Os de Bayes.

3

COMPONENTES DE VARIÂNCIA NO MODELO INTEIRAMENTE CASUALIZADO

$$y_{ij} = m + t_i + e_{ij}$$

3.1. Modelo aleatório

$y_{ij} = m + t_i + e_{ij}$, onde

m é a média geral, fixa, portanto $E(m) = m$ e $E(m^2) = m^2$

t_i com $i = 1, 2, ..., I$, que é o efeito de tratamentos; é considerado aleatório normal e independentemente distribuído, com média zero e variância σ_t^2, isto é, $t_i \sim NID(0,\sigma_t^2)$, logo $E(t_i) = 0$ e $E(t_i^2) = \sigma_t^2$.

e_{ij} com $j = 1, 2, ..., J$, é o erro experimental suposto aleatório, normal e independentemente distribuído, com média zero e variância σ^2, isto é, $e_{ij} \sim NID(0,\sigma^2)$, logo $E(e_{ij}) = 0$ e $E(e_{ij}^2) = \sigma^2$.

Além disso, vamos considerar que os efeitos aleatórios do modelo são não correlacionados, logo $Cov(t_i,e_{ij}) = 0$, $\forall\ i, j$, bem como $Cov(t_i,t_{i'}) = 0$ para $i \neq i'$ e $Cov(e_{ij},e_{i'j'}) = 0$ para $i \neq i'$ e $j \neq j'$.

Como é de nosso interesse obter $E(QM)$, vamos verificar quais são as expressões das SQ desse modelo.

Quadro de dados					
Trat.	Repetições				Totais
	1	2	...	J	
1	y_{11}	y_{12}	...	y_{1J}	$y_{1.} = T_1$
2	y_{21}	y_{22}	...	y_{2J}	$y_{2.} = T_2$
...	...	...	...	...	... ...
I	y_{I1}	y_{I2}	...	y_{IJ}	$y_{I.} = T_I$
					$y_{..} = G$

O quadro da análise de variância fica:

Causas de variação	GL	SQ	QM	E(QM)
Tratamentos	$I-1$			
Resíduo	$I(J-1)$			
Total	$IJ-1$			

onde

$$SQTotal = \sum y_{ij}^2 - C \text{, sendo } C = \frac{(\sum y_{ij})^2}{IJ} = correção$$

$$SQTratamentos = \frac{1}{J}\sum_i y_i^2 - C$$

$$SQ\,\mathrm{Re}s = SQTotal - SQTratamentos = \sum_{ij} y_{ij}^2 - \frac{1}{J}\sum_i y_{i.}^2$$

$$E[\sum_{ij} y_{ij}^2] = \sum_{ij} E[m + t_i + e_{ij}]^2$$

$$= \sum_{ij} E[m^2 + t_i^2 + e_{ij}^2 + 2mt_i + 2me_{ij} + 2t_i e_{ij}]$$

$$= \sum_{ij} [m^2 + \sigma_t^2 + \sigma^2] = IJm^2 + IJ\sigma_t^2 + IJ\sigma^2 \qquad \textbf{[1]}$$

$$E(C) = \frac{E[\sum_{ij} y_{ij}]^2}{IJ} = \frac{1}{IJ}E[\sum_{ij}(m + t_i + e_{ij})]^2$$

$$= \frac{1}{IJ}E[I^2J^2m^2 + J^2(\sum_i t_i)^2 + (\sum_{ij} e_{ij})^2 + d.p.],$$ onde d.p. = duplos produtos

$$E(C) = \frac{1}{IJ}[I^2J^2m^2 + IJ^2\sigma_t^2 + IJ\sigma^2] = IJm^2 + J\sigma_t^2 + \sigma^2 \qquad \textbf{[2]}$$

pois

$$E[(\sum_i t_i)^2] = E[(t_1 + t_2 + ... + t_I)^2]$$

$$= E[t_1^2 + t_2^2 + ... + t_I^2 + 2t_1t_2 + ... + 2t_{I-1}t_I]$$

$$= \sigma_t^2 + \sigma_t^2 + ... + \sigma_t^2 + 0 + ... + 0 = I\sigma_t^2$$

e

$$E[(\sum_{ij} e_{ij})^2] = E[(e_{11} + e_{12} + ... + e_{IJ})^2$$

$$= E[e_{11}^2 + e_{12}^2 + ... + e_{1J}^2 + d.p. +$$

$$+ e_{21}^2 + e_{22}^2 + ... + e_{2J}^2 + d.p. +$$

$$+ ... + ... + ... + ... + ... +$$

$$+ e_{I1}^2 + e_{I2}^2 + ... + e_{IJ}^2 + d.p.]$$

$$= IJ\sigma^2$$

$$E[\frac{1}{J}\sum_i y_{i.}^2] = \frac{1}{J}E[\sum_i y_{i.}^2] = \frac{1}{J}\sum_i E[(y_{i.}^2)]$$

$$= \frac{1}{J}\sum_i \; E[(Jm + Jt_i + \sum_j e_{ij})^2]$$

$$= \frac{1}{J}\sum_i \; E[(J^2m^2 + J^2t_i^2 + (\sum_j e_{ij})^2 + d.p.)$$

$$= \frac{1}{J}[IJ^2m^2 + IJ^2\sigma_t^2 + IJ\sigma^2 + 0]$$

$$= IJm^2 + IJ\sigma_t^2 + I\sigma^2 \qquad \textbf{[3]}$$

$$\therefore \quad E[SQTratamentos] = \textbf{[3]} - \textbf{[2]}$$

$$= (I-1)\sigma^2 + J(I-1)\sigma_t^2$$

Como $E[QMTratamentos] = E[\frac{SQTratamentos}{I-1}]$, então

$$E[QMTratamentos] = \sigma^2 + J\sigma_t^2$$

Para o resíduo, temos

$$E(SQRes) = [\mathbf{1}] - [\mathbf{3}] = I(J-1)\sigma^2$$

Como $E[QMRes] = \dfrac{E(SQRes)}{I(J-1)}$, temos

$$E[QMRes] = \sigma^2$$

Logo, o quadro da análise de variância com os componentes de variância fica:

Causas de variação	GL	SQ	QM	E(QM)	F
Tratamentos	$I-1$		V_1	$\sigma^2 + J\sigma_t^2$	V_1/V_2
Resíduo	$I(J-1)$		V_2	σ^2	
Total	$IJ-1$				

Os estimadores são

$$QMTrat = V_1 = \hat{\sigma}^2 + J\hat{\sigma}_t^2$$

$$QMRes = V_2 = \hat{\sigma}^2 \quad \therefore \quad \hat{\sigma}^2 = V_2$$

e $$\hat{\sigma}_t^2 = \frac{V_1 - V_2}{J}$$

3.2 Modelo fixo

O modelo matemático é

$$y_{ij} = m + t_i + e_{ij}$$

onde

m é a média geral, fixa, portanto $E(m) = m$ e $E(m^2) = m^2$

t_i com $i = 1, 2, ..., I$, é o efeito de tratamentos suposto fixo $\therefore$ $E(t_i) = t_i$ e $E(t_i^2) = t_i^2$ e $\sum_i t_i = 0$ (não é necessário, porém, mudar a hipótese H_0 para $t_1 = t_2 = \ldots = t_I$).

e_{ij} com $j = 1, 2, ..., J$, é o erro experimental suposto aleatório, normal e independentemente distribuído, com média zero e variância σ^2, $\therefore E(e_{ij}) = 0$ e $E(e_{ij}^2) = \sigma^2$.

As somas de quadrados são obtidas pelas expressões

$$SQTotal = \sum_{ij} y_{ij}^2 - C, \quad \text{onde} \quad C = \frac{(\sum y_{ij})^2}{IJ}$$

$$SQTratamentos = \frac{1}{J}\sum_i y_{i.}^2 - C$$

$$SQRes = \sum_{ij} y_{ij}^2 - \frac{1}{J}\sum_i y_{i.}^2$$

$$\begin{aligned}
\therefore \; E[\sum_{ij} y_{ij}^2] &= \sum_{ij} E[y_{ij}^2] = \sum_{ij} E[m + t_i + e_{ij}]^2 \\
&= \sum_{ij} E[m^2 + t_i^2 + e_{ij}^2 + 2mt_i + \text{outros d.p.}] \\
&= \sum_{ij} [m^2 + t_i^2 + \sigma^2 + 2mt_i] \\
&= IJm^2 + J\sum_i t_i^2 + IJ\sigma^2 + 2Jm\sum_i t_i \\
&= IJm^2 + J\sum_i t_i^2 + IJ\sigma^2 \qquad [1]
\end{aligned}$$

$$\begin{aligned}
E[\frac{(\sum y_{ij})^2}{IJ}] &= \frac{1}{IJ}E[\sum_{ij}(m + t_i + e_{ij})]^2 \\
&= \frac{1}{IJ}E[IJm + J\sum_i t_i + \sum_{ij} e_{ij}]^2 \\
&= \frac{1}{IJ}E[I^2J^2m^2 + (\sum_{ij} e_{ij})^2 + 2IJm\sum_{ij} e_{ij}] \\
&= \frac{1}{IJ}(I^2J^2m^2 + IJ\sigma^2) = IJm^2 + \sigma^2 \qquad [2]
\end{aligned}$$

$$\begin{aligned}
\frac{1}{J}E[\sum_i y_{i.}^2] &= \frac{1}{J}E[\sum_i (Jm + Jt_i + \sum_j e_{ij})^2] \\
&= \frac{1}{J}\sum_i (E[J^2m^2 + J^2t_i^2 + (\sum_j e_{ij})^2 + 2J^2mt_i + \text{outros d.p.})] \\
&= \frac{1}{J}\sum_i [J^2m^2 + J^2t_i^2 + J\sigma^2 + 2J^2mt_i] \\
&= IJm^2 + J\sum_i t_i^2 + I\sigma^2 \qquad [3]
\end{aligned}$$

Logo

$$E[SQTratamentos] = J\sum_i t_i^2 + (I-1)\sigma^2 = [3]-[2]$$

$$\therefore\ E[QMTratamentos] = \frac{1}{I-1}E(SQT) = \frac{J}{I-1}\sum_i t_i^2 + \sigma^2 = \sigma^2 + J_{\Phi_t}$$

$$E[SQRes] = [1]-[3] = IJ\sigma^2 - I\sigma^2 = I(J-1)\sigma^2$$

$$\therefore\ E[QMRes] = \frac{1}{I(J-1)}E(SQRes) = \sigma^2$$

onde

$$\Phi_t = \frac{1}{I-1}\sum_i t_i^2 \quad \text{é uma função quadrática.}$$

Logo, o quadro da análise da variância com a esperança matemática dos *QM* fica:

Causas de variação	GL	SQ	QM	E(QM)	F
Tratamentos	$I-1$		V_1	$\sigma^2 + J\Phi_t$	V_1/V_2
Resíduo	$I(J-1)$		V_2	σ^2	
Total	$IJ-1$				

onde $\Phi_t = \frac{\sum_i t_i^2}{I-1}$ e $F = \frac{V_1}{V_2}$, sob H_o

Observações:

1) Em relação ao modelo aleatório na coluna de $E(QM)$, apenas substitui-se σ_t^2 por $\frac{1}{I-1}\sum_i t_i^2 = \Phi_t$.

2) Se não impusermos $\sum_i t_i = 0$, obtemos

$$E(QMTrat) = \sigma^2 + \frac{J}{I-1}[\sum t_i^2 - \frac{1}{I}(\sum t_i)^2] \text{ (Searle, p. 386)}$$

Considerações gerais

Consideremos um quadro de análise de variância com as $E(QM)$ dos dois modelos (aleatório e fixo).

Causas de variação	GL	SQ	QM	E(QM) Aleatório	E(QM) Fixo
Tratamentos	$I-1$		V_1	$\sigma^2 + J\sigma_t^2$	$\sigma^2 + J\Phi_t$
Resíduo	$I(J-1)$		V_2	σ^2	σ^2
Total	$IJ-1$				

	MODELO ALEATÓRIO	MODELO FIXO
1) Análise de variância	Maneira usual	Maneira usual
2) Estimadores dos componentes de variância	$\hat{\sigma}^2 = QMRes = V_2$ $\hat{\sigma}_t^2 = \dfrac{QMTratamentos - QMRes}{J}$ $\hat{\sigma}_t^2 = \dfrac{V_1 - V_2}{J}$	$\hat{\sigma}^2 = QMRes$
Hipótese H_0 testada	$\sigma_t^2 = 0$	$t_i = 0$, $\forall_i$ ou $t_1 = t_2 = ... = t_I$ no caso geral
Teste F	Admitindo $t_i = NID(0, \sigma_t^2)$ temos $F = \dfrac{V_1}{V_2} = \dfrac{\hat{\sigma}^2 + J\hat{\sigma}_t^2}{\hat{\sigma}^2}$ sob H_0	$F = \dfrac{V_1}{V_2} = \dfrac{\hat{\sigma}^2 + J\Phi\hat{t}}{\hat{\sigma}^2}$ sob H_0
Conclusões a serem obtidas	As conclusões são estendidas a toda a população; logo, se F for significativo, rejeitaremos $H_0 \Rightarrow$ há diferença significativa entre os tratamentos de toda a população	As conclusões são limitadas aos tratamentos do ensaio; logo, se F for significativo, rejeitaremos H_0 e concluiremos que existe pelo menos um contraste entre médias de tratamentos que difere de zero

Observações:

1) Estimadores de componentes de variância obtidos pelo método dos momentos são imparciais e de variância mínima.

   Logo, $E(\hat{\sigma}^2) = \sigma^2$ etc.

   (Para modelos balanceados e aleatórios)

2) O número de GL associado a $\hat{\sigma}^2$ é igual a $I(J-1)$ no modelo inteiramente ao acaso, ou n = nº de GL do resíduo, de modo geral.

   $\hat{\sigma}_t^2$ ou qualquer outra estimativa de componente de variância obtida de expressões lineares envolvendo dois ou mais QM estão associados $n_t GL$ obtidos por Satterthwaite.

3) Quando o número de GL associados a uma estimativa de componente de variância for grande ($n > 30$), pode-se usar o teste t na obtenção de um intervalo de confiança para o componente de variância. Geralmente isso ocorre com $\hat{\sigma}^2$.

   $$IC(\sigma^2) \Rightarrow \hat{\sigma}^2 \pm t \cdot s(\hat{\sigma}^2)$$

   onde $s(\hat{\sigma}^2)$ é o erro padrão de $\hat{\sigma}^2$ que será visto.

   Caso contrário, ($n \leq 30$), deve-se usar o teste de χ^2 na obtenção de IC para um componente de variância.

Exemplo:

Realizou-se um ensaio inteiramente ao acaso em que oito espécies florestais foram comparadas com relação à densidade básica, em g/m^3, num total de cinco repetições. O resultado obtido para a análise da variância foi:

Causas de variação	GL	QM	F
Tratamentos (espécies)	7	$V_1 = 0{,}038406$	288,77**
Resíduo	32	$V_2 = 0{,}000133$	
Total	39		

Se consideramos o **modelo fixo**, dada a significância de F, rejeitamos H_0 e concluímos que existe pelo menos um contraste entre médias de tratamentos que difere de zero. Se **modelo aleatório**, rejeitamos H_0 e concluímos que as espécies florestais diferem quanto à densidade básica, já que essas oito espécies, que são uma amostra, estão representando todas as espécies florestais existentes (pop.). O principal objetivo do modelo aleatório é a estimação dos componentes de variância, daí ser chamado de modelo de componentes de variância.

Para o modelo fixo temos $\hat{\sigma}^2 = 0,000133$, que também vale para o aleatório. Neste, temos, ainda:

$$\hat{\sigma}_t^2 = \frac{V_1 - V_2}{J} = \frac{0,038406 - 0,000133}{5} = 0,007708$$

A variância total, no modelo aleatório, é dada por

$$V \doteq \hat{\sigma}_t^2 + \hat{\sigma}^2 = V(y_{ij})$$

$$\therefore V = 0,007708 + 0,000133 = 0,007841$$

Dessa variância, $\hat{\sigma}_t^2 = 0,007708$ representa 98,3%

4

COMPONENTES DE VARIÂNCIA NO MODELO INTEIRAMENTE AO ACASO COM *K* AMOSTRAS POR PARCELA

4.1. Introdução

Geralmente, os ensaios contêm em suas parcelas mais de um indivíduo (ou mais de uma amostra), e o que se faz normalmente é analisar o total da parcela, ou a média por parcela, ou ainda, no caso de ensaios agronômicos, a produção por ha.

Com esse procedimento, estamos deixando de lado uma informação que pode ser de grande valia para o pesquisador, que é a variação (ou variância) entre indivíduos dentro de uma mesma parcela. Essa variação dá origem à chamada **variância dentro**; a variação residual é, como sabemos, a **variância entre**.

Conhecendo a variância dentro, o pesquisador tem condições de saber se o número de indivíduos por parcela (tamanho da parcela) que ele usou foi suficiente.

Num caso desse, o modelo matemático é:

$$y_{ijk} = m + t_i + e_{ij} + \varepsilon_{ijk}$$

onde

t_i é o efeito de tratamentos

e_{ij} é o erro experimental (erro entre)

ε_{ijk} é o erro amostral (erro dentro)

Se admitimos I tratamentos, J repetições e K amostras ou indivíduos por parcela, temos o seguinte quadro de resultados.

Trat.	Repetições 1	2	...	J	Totais de trat.
1	$\underbrace{y_{111}\ y_{112} \cdots y_{11K}}_{y_{11.}}$	$\underbrace{y_{121}\ y_{122} \cdots y_{12K}}_{y_{12.}}$	...	$\underbrace{y_{1J1}\ y_{1J2} \cdots y_{1JK}}_{y_{1J.}}$	$y_{1..}$
$\vdots$	$\vdots$	$\vdots$	$\vdots$	$\vdots$	$\vdots$
I	$\underbrace{y_{I11}\ y_{I12} \cdots y_{I1K}}_{y_{I1.}}$	$\underbrace{y_{I21}\ y_{I22} \cdots y_{I2K}}_{y_{I2.}}$	...	$\underbrace{y_{IJ1}\ y_{IJ2} \cdots y_{IJK}}_{y_{IJ.}}$	$y_{I..}$
					$y_{...}$

O esquema da análise da variância fica:

Causas de variação	GL	SQ	QM	F
Tratamentos	$I-1$			
Resíduo	$I(J-1)$			
(Parcelas)	$IJ-1$			
Entre ind. d. parcela	$IJ(K-1)$			
Total	$IJK-1$			

As SQ são obtidas por

$$SQTotal = \sum_{ijk} y_{ijk}^2 - C \qquad C = \frac{1}{IJK}\left(\sum_{ijk} y_{ijk}\right)^2$$

$$SQTratamentos = \frac{1}{JK}\sum_{i} y_{i..}^2 - C$$

$$SQParcelas = \frac{1}{K}\sum_{ij} y_{ij.}^2 - C$$

$$SQResíduo = \frac{1}{K}\sum_{ij} y_{ij.}^2 - \frac{1}{JK}\sum_{i} y_{i..}^2$$

$$SQEntre\ ind.\ d.\ parcela = \sum_{ijk} y_{ijk}^2 - \frac{1}{K}\sum y_{ij.}^2$$

4.2. Esperança matemática dos quadrados médios

4.2.1. Modelo aleatório

$$y_{ijk} = m + t_i + e_{ij} + \varepsilon_{ijk}$$

onde

m é a média geral, fixa, logo $E(m) = m$ e $E(m^2) = m^2$

t_i com i =1, 2, ..., I, é o efeito de tratamentos suposto aleatório NID com média zero e variância σ_t^2, logo $E(t_i) = 0$ e $E(t_i^2) = \sigma_t^2$

e_{ij} com j = 1, 2, ..., J é o erro experimental aleatório NID $(0, \sigma_e^2)$ $\therefore$ $E(e_{ij}) = 0$ e $E(e_{ij}^2) = \sigma_e^2$

ε_{ijk} com k = 1, 2, ..., K, é o erro amostral aleatório NID $(0, \sigma_\varepsilon^2)$ $\therefore$ $E(\varepsilon_{ijk}) = 0$ e $E(\varepsilon_{ijk}^2) = \sigma_\varepsilon^2$

Admitindo que os efeitos do modelo são não correlacionados, obtemos os seguintes valores para $E(QM)$:

$$E[\sum_{ijk} y_{ijk}^2] = \sum_{ijk} E[y_{ijk}^2] = \sum_{ijk} E[m + t_i + e_{ij} + \varepsilon_{ijk}]^2$$

$$= \sum_{ijk} [E(m^2) + E(t_i^2) + E(e_{ij}^2) + E(\varepsilon_{ijk}^2) + E(\text{d.p.})]$$

$$= \sum_{ijk} [m^2 + \sigma_t^2 + \sigma_e^2 + \sigma_\varepsilon^2] = IJK[m^2 + \sigma_t^2 + \sigma_e^2 + \sigma_\varepsilon^2]$$

$$E(\sum y_{ijk}^2) = IJKm^2 + IJK\sigma_t^2 + IJK\sigma_e^2 + IJK\sigma_\varepsilon^2 \qquad \textbf{[1]}$$

$$E(C) = \frac{1}{IJK} E(\sum_{ijk} y_{ijk})^2 = \frac{1}{IJK} E[IJKm + JK\sum_i t_i + K\sum_{ij} e_{ij} + \sum_{ijk} \varepsilon_{ijk}]^2$$

$$= \frac{1}{IJK} E[I^2J^2K^2m^2 + J^2K^2(\sum_i t_i)^2 + K^2(\sum_{ij} e_{ij})^2 + (\sum_{ijk} \varepsilon_{ijk})^2 + \text{d.p.}]$$

$$= \frac{1}{IJK}[I^2J^2K^2m^2 + IJ^2K^2\sigma_t^2 + IJK^2\sigma_e^2 + IJK\sigma_\varepsilon^2]$$

$$E(C) = IJKm^2 + JK\sigma_t^2 + K\sigma_e^2 + \sigma_\varepsilon^2 \qquad \textbf{[2]}$$

$$\frac{1}{JK}E[\sum_i y_{i..}^2] = \frac{1}{JK}\sum_i E[y_{i..}^2]$$

$$= \frac{1}{JK}\sum_i E[JKm + JKt_i + K\sum_j e_{ij} + \sum_{jk} e_{ijk}]^2$$

$$= \frac{1}{JK}\sum_i E[J^2K^2m^2 + J^2K^2t_i^2 + K^2(\sum_j e_{ij})^2 + (\sum_{jk} e_{ijk})^2 + \text{d.p.}]$$

$$= IJKm^2 + IJK\sigma_t^2 + IK\sigma_e^2 + I\sigma_\varepsilon^2 \qquad \textbf{[3]}$$

$$E[\frac{1}{K}\sum_{ij} y_{ij.}^2] = \frac{1}{K}\sum_{ij} E[Km + Kt_i + Ke_{ij} + \sum_k \varepsilon_{ijk}]^2$$

$$= \frac{1}{K}\sum_{ij} E[K^2m^2 + K^2t_i^2 + K^2e_{ij}^2 + (\sum_k \varepsilon_{ijk})^2 + \text{d.p.}]$$

$$= \frac{1}{K}\sum_{ij}[K^2m^2 + K^2\sigma_t^2 + K^2\sigma_e^2 + K\sigma_\varepsilon^2]$$

$$= IJKm^2 + IJK\sigma_t^2 + IJK\sigma_e^2 + IJ\sigma_\varepsilon^2 \qquad \textbf{[4]}$$

Logo

$$E(SQTratamentos) = \textbf{[3]} - \textbf{[2]} = JK(I-1)\sigma_t^2 + K(I-1)\sigma_e^2 + (I-1)\sigma_\varepsilon^2$$

$$E(QMTratamentos) = JK\sigma_t^2 + K\sigma_e^2 + \sigma_\varepsilon^2$$

$$E(SQResíduo) = \textbf{[4]} - \textbf{[3]} = IK(J-1)\sigma_e^2 + I(J-1)\sigma_\varepsilon^2$$

$$E(\text{QMResíduo}) = K\sigma_e^2 + \sigma_\varepsilon^2$$

$$E(SQInd.\,d.\,parcela) = \textbf{[1]} - \textbf{[4]} = IJ(K-1)\sigma_\varepsilon^2$$

$$E(QMInd.\,d.\,parcela) = \sigma_\varepsilon^2$$

O quadro da análise da variância com os componentes de variância fica:

Causas de variação	GL	SQ	QM	E(QM)
Tratamentos	$I-1$	Q_1	V_1	$\sigma_\varepsilon^2 + K\sigma_e^2 + JK\sigma_t^2$
Resíduo	$I(J-1)$	Q_2	V_2	$\sigma_\varepsilon^2 + K\sigma_e^2$
(Parcelas)	$IJ-1$	Q_3	–	
Entre ind. parcela	$IJ(K-1)$	Q_4	V_3	σ_ε^2
Total	$IJK-1$	Q_5	–	

Observações:

1) Admitida a hipótese $H_0 : \sigma_t^2 = 0$, podemos efetuar o teste *F*, cuja expressão é $F = \frac{V_1}{V_2}$.

2) Admitida a hipótese $H_0 : \sigma_e^2 = 0$, podemos fazer um teste *F* para a variação residual e temos $F = \frac{V_2}{V_3}$.

   Se esse teste *F* for não significativo, poderemos obter um novo *QMRes* por uma média ponderada entre V_2 e V_3. Com isso, melhoraremos a sensibilidade da análise (maior número de GL), ou seja $I(JK-1)$ GL $\rightarrow IJ - I + IJK - IJ = I(JK-1)$.

3) Podemos obter estimativas dos componentes de variância cujos estimadores são os seguintes:

$$\hat{\sigma}_\varepsilon^2 = V_3 = QMEntre\ ind.\ d.\ parcelas, \text{ com } IJ(K-1) \text{ GL}$$

$$\hat{\sigma}_e^2 = \frac{V_2 - V_3}{K} = \frac{1}{K}(QMRes - QMEntre\ ind.\ d.\ parcelas), \text{ com } n_e \text{ GL}$$

$$\hat{\sigma}_t^2 = \frac{V_1 - V_2}{JK} = \frac{1}{JK}(QMTratamentos - QMRes), \text{ com } n_t \text{ GL}$$

4) A variância da média geral e sua respectiva estimativa são obtidas por:

$$V(\bar{y}) = V(\hat{m}) = \frac{1}{I}\sigma_t^2 + \frac{1}{IJ}\sigma_e^2 + \frac{1}{IJK}\sigma_\varepsilon^2$$

$$\therefore\ \hat{V}(\hat{m}) = \frac{1}{I}\hat{\sigma}_t^2 + \frac{1}{IJ}\hat{\sigma}_e^2 + \frac{1}{IJK}\hat{\sigma}_\varepsilon^2$$

$$\hat{V}(\hat{m}) = \frac{1}{IJK}[JK\hat{\sigma}_t^2 + K\hat{\sigma}_e^2 + \hat{\sigma}_\varepsilon^2] = \frac{1}{IJK}[QMTratamentos]$$

Verifica-se que, para um mesmo número de tratamentos I, pode-se diminuir essa variância aumentando o número de repetições J, ou se $\hat{\sigma}_\varepsilon^2$ muito maior que $\hat{\sigma}_e^2$, aumentando K (se possível J também).

4.2.2. Modelo fixo

Neste caso, para o modelo

$$y_{ijk} = m + t_i + e_{ij} + \varepsilon_{ijk},$$

para m, e_{ij} e ε_{ijk} as considerações são as mesmas apresentadas para o modelo aleatório, porém para t_i temos

t_i é o efeito de tratamentos suposto fixo, portanto, $E(t_i) = t_i$, $E(t_i^2) = t_i^2$ e $\sum_i t_i = 0$

Com essas condições, obtemos, como única diferença em relação ao modelo aleatório, a expressão

$$E(QMTratamentos) = \sigma_\varepsilon^2 + K\sigma_e^2 + JK\Phi_t$$

onde $\Phi_t = \frac{\sum_i t_i^2}{I-1}$

Então, o quadro da análise da variância com a $E(QM)$ fica:

Causas de variação	GL	SQ	QM	E(QM)
Tratamentos	$I-1$		V_1	$\sigma_\varepsilon^2 + K\sigma_e^2 + JK\Phi_t$
Resíduo	$I(J-1)$		V_2	$\sigma_\varepsilon^2 + K\sigma_e^2$
(Parcelas)	$IJ-1$			
Entre ind. parcela	$IJ(K-1)$		V_3	σ_ε^2
Total	$IJK-1$			

Observações:

1) Admitida a hipótese $H_0 : t_i = 0, \forall_i$, temos $F = \frac{V_1}{V_2}$.

2) Mesma observação feita para o modelo aleatório $F = \frac{V_2}{V_3}$, testando $H_0 : \sigma_e^2 = 0$.

3) As estimativas de σ_e^2 e σ_ε^2 são obtidas por:

$$\hat{\sigma}_e^2 = \frac{V_2 - V_3}{K}$$

$$\hat{\sigma}_\varepsilon^2 = V_3$$

4) A variância da média geral e sua estimativa são obtidas por:

$$V(\bar{y}) = V(\hat{m}) = \frac{1}{IJ}\sigma_e^2 + \frac{1}{IJK}\sigma_\varepsilon^2 = \frac{1}{IJK}(K\sigma_e^2 + \sigma_\varepsilon^2)$$

$$V(\bar{y}) = \frac{1}{IJK} E[QMRes]$$

$$\hat{V}(\bar{y}) = \hat{V}(\hat{m}) = \frac{1}{IJ}\hat{\sigma}_e^2 + \frac{1}{IJK}\hat{\sigma}_\varepsilon^2 = \frac{1}{IJK}(K\hat{\sigma}_e^2 + \hat{\sigma}_\varepsilon^2)$$

$$\hat{V}(\bar{y}) = \frac{1}{IJK} QMRes$$

4.3. O problema da amostragem

Vimos que no modelo inteiramente ao acaso, com K amostras por parcela, suposto fixo, a estimativa da variância da média geral é dada por:

$$\hat{V}(\hat{m}) = \frac{\hat{\sigma}_e^2}{IJ} + \frac{\hat{\sigma}_\varepsilon^2}{IJK} \quad \text{ou} \quad \hat{V}(\hat{m}) = \frac{1}{IJK}[K\hat{\sigma}_e^2 + \hat{\sigma}_\varepsilon^2]$$

De modo geral, verificamos que, independentemente dos valores $\hat{\sigma}_\varepsilon^2$ e $\hat{\sigma}_e^2$, aumentando J, diminui-se a $\hat{V}(\hat{m})$, pois I é fixo. Porém, se $\hat{\sigma}_\varepsilon^2$ é muito maior que $\hat{\sigma}_e^2$, pode-se diminuir com maior eficiência a $\hat{V}(\hat{m})$ aumentando também o valor de K, isto é, o número de indivíduos por parcela.

Vejamos um exemplo ilustrativo.

$I = 4$, $JK = 40$

$$\hat{V}(\hat{m}) = \frac{1}{IJK}[K\hat{\sigma}_e^2 + \hat{\sigma}_\varepsilon^2]$$

I	J	K	$\hat{\sigma}_\varepsilon^2 = 80 \ e \ \hat{\sigma}_e^2 = 20$	$\hat{\sigma}_\varepsilon^2 = 20 \ e \ \hat{\sigma}_e^2 = 80$	$\hat{\sigma}_\varepsilon^2 = 40 \ e \ \hat{\sigma}_e^2 = 40$
4	1	40	5,50	20,125	10,25
4	2	20	3,00	10,125	5,25
4	4	10	1,75	5,125	2,75
4	5	8	1,50	4,125	2,25
4	8	5	1,125	2,625	1,50
4	10	4	1,00	2,125	1,25
4	20	2	0,75	1,125	0,75
4	40	1	0,625	0,125	0,50

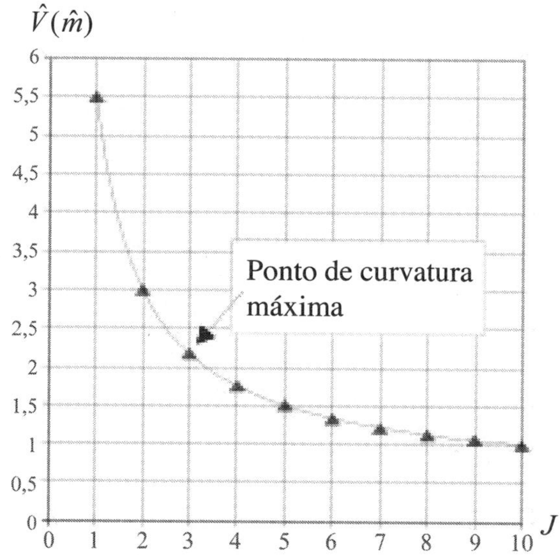

$I = 4, \ JK = 40; \ \hat{\sigma}_\varepsilon^2 = 80$ e $\hat{\sigma}_e^2 = 20$

Observando as variações de resultados nesse quadro, concluímos, dentre outras coisas:

1) Aumentando J, $\hat{V}(\hat{m})$ diminui em qualquer situação.
2) A diminuição de $\hat{V}(\hat{m})$ é mais drástica no caso em que $\hat{\sigma}_e^2 > \hat{\sigma}_\varepsilon^2$.
3) Aumentar J sempre diminui $\hat{V}(\hat{m})$, porém é mais eficiente quando $\hat{\sigma}_e^2 > \hat{\sigma}_\varepsilon^2$.

Outro exemplo é o seguinte:

I	J	K	$\hat{\sigma}_{\varepsilon}^2 = 80$ e $\hat{\sigma}_e^2 = 20$	$\hat{\sigma}_{\varepsilon}^2 = 20$ e $\hat{\sigma}_e^2 = 80$
4	4	10	1,75	5,125
4	**6**	10	1,17	3,42
4	4	**12**	1,67	5,10
4	4	**15**	1,58	5,08

Nesse caso, não se manteve o produto *JK* constante.

Verifica-se que com o aumento de duas unidades em *J*, com $K = 10$, houve a diminuição da $\hat{V}(\hat{m})$ em aproximadamente 33%.

De modo análogo, para $J = 4$, aumentando *K* em três unidades, houve diminuição da $\hat{V}(\hat{m})$ em 5,4% quando $\hat{\sigma}_{\varepsilon}^2 = 80$, e em 0,4% quando $\hat{\sigma}_{\varepsilon}^2 = 20$.

5

PROPRIEDADES DOS ESTIMADORES DOS COMPONENTES DE VARIÂNCIA OBTIDOS PELO MÉTODO DA ANÁLISE DA VARIÂNCIA NO CASO DE MODELOS BALANCEADOS

1) Os estimadores de componentes de variância obtidos pelo método da análise da variância são **não tendenciosos**.

Seja V o vetor dos quadrados médios de uma análise de variância tal que a $E[QM_i]$ não contenha efeito fixo (ver Searle, p. 405).

Consideremos, ainda, **s** igual ao vetor formado pelos componentes de variância a serem estimados.

Ora, sabemos que cada QM é uma combinação linear das estimativas dos componentes de variância. Então, podemos escrever:

$$E(V) = P \cdot s$$

onde,

P é a matriz dos coeficientes dos componentes de variância que é não singular, logo $\exists P^{-1}$.

Então, pelo método da análise da variância temos que

$$V = P \cdot \hat{s}$$

Premultiplicando, membro a membro, essa expressão por P^{-1} temos

$$P^{-1}V = P^{-1}P\hat{s} \quad \therefore \quad \hat{s} = P^{-1}V$$

Mas

$$E(\hat{s}) = E(P^{-1}V) = P^{-1}E(V) = P^{-1} \cdot P \cdot s = s$$

$$E(\hat{s}) = s \;\Rightarrow\; \hat{s} \text{ é não tendencioso}$$

ou

$$E(\hat{\sigma}^2) = E(QMRes) = \sigma^2$$

$$E(\hat{\sigma}_t^2) = E[\frac{QMTrat - QMRes}{J}] = \frac{1}{J}(\sigma^2 + J\sigma_t^2 - \sigma^2) = \sigma_t^2$$

Justificativa da apresentação matricial

Consideremos um ensaio inteiramente ao acaso, com I tratamentos e J repetições. Então, obtemos:

Causas de variação	GL	QM	E(QM)
Tratamentos	$I-1$	V_1	$\sigma^2 + J\sigma_t^2$
Resíduo	$I(J-1)$	V_2	$\sigma^2 + 0\sigma_t^2$

$$V = \begin{bmatrix} V_1 \\ V_2 \end{bmatrix} = \begin{bmatrix} QMTratamentos \\ QMRes \end{bmatrix} \qquad s = \begin{bmatrix} \sigma^2 \\ \sigma_t^2 \end{bmatrix}$$

$$P = \begin{bmatrix} 1 & J \\ 1 & 0 \end{bmatrix} \;\therefore\; P^{-1} = \begin{bmatrix} 0 & 1 \\ \frac{1}{J} & \frac{-1}{J} \end{bmatrix}$$

$$\hat{s} = P^{-1} \cdot V \Leftrightarrow \begin{bmatrix} \hat{\sigma}^2 \\ \hat{\sigma}_t^2 \end{bmatrix} = \begin{bmatrix} 0 & 1 \\ \frac{1}{J} & \frac{-1}{J} \end{bmatrix} \begin{bmatrix} V_1 \\ V_2 \end{bmatrix} = \begin{bmatrix} V_2 \\ \frac{1}{J}(V_1 - V_2) \end{bmatrix} \Rightarrow \begin{matrix} \hat{\sigma}^2 = V_2 \\ \hat{\sigma}_t^2 = \frac{V_1 - V_2}{J} \end{matrix}$$

2) Os estimadores imparciais de componentes de variância obtidos pelo método da análise de variância são de **variância mínima**.

   A demonstração bastante complexa pode ser vista em Graybill e Worthan (1956), no trabalho "A note on uniformly best unbiased estimators for variance components" (**Jasa** 51:266-8).

6

COMPONENTES DE VARIÂNCIA NO MODELO INTEIRAMENTE AO ACASO COM NÚMERO DIFERENTE DE REPETIÇÕES POR TRATAMENTO

6.1. Introdução

Consideremos um ensaio inteiramente ao acaso com I tratamentos, sendo que:

- o tratamento 1 apresenta n_1 repetições
- o tratamento 2 apresenta n_2 repetições

e assim por diante, de modo que o tratamento i apresenta n_i repetições.

O modelo matemático para esse caso é:

$$y_{ij} = m + t_i + e_{ij}$$

onde

t_i com $i = 1, 2, ..., I$; é o efeito de tratamentos

e_{ij} com $j = 1, 2, ..., n_i$, é o erro experimental

Um quadro de valores para um caso como esse pode ser representado por:

	Repetições				
Trat.	1	2	...	n_i	Totais
1	y_{11}	y_{12}	...	y_{In_1}	$y_{I.} = T_1$
2	y_{21}	y_{22}	...	y_{2n_2}	$y_{2.} = T_2$
...	...	...	...	...	...
I	y_{I1}	y_{I2}	...	y_{In_1}	$y_{I.} = T_1$

O esquema da análise da variância fica:

Causas de variância	GL	
Tratamentos	$I-1$	
Resíduo	$N-I$	
Total	$N-1$	

As somas de quadrados são obtidas por:

$$SQTotal = \sum y_{ij}^2 - C \qquad \text{onde} \qquad C = \frac{(\sum y_{ij})^2}{N}$$

$$SQTratamentos = \sum_i \frac{y_{i.}^2}{n_i} - C = \frac{y_{1.}^2}{n_1} + \frac{y_{2.}^2}{n_2} + \ldots + \frac{y_{I.}^2}{n_I} - C$$

$$SQRes = \sum_{ij} y_{ij}^2 - \sum_i \frac{y_{i.}^2}{n_i}$$

6.2. Esperança matemática dos quadrados médios

6.2.1. Modelo aleatório

$$y_{ij} = m + t_i + e_{ij}$$

onde

m é fixo $\therefore$ $E(m) = m$ e $E(m^2) = m^2$

t_i é aleatório, $NID(0,\sigma_t^2) \therefore E(t_i)=0$ e $E(t_i^2)=\sigma_t^2$

e_{ij} é aleatório, $NID(0,\sigma^2) \therefore E(e_{ij})=0$ e $E(e_{ij}^2)=\sigma^2$

Admitindo que os efeitos aleatórios são não correlacionados, obtemos:

$$E[\sum_{ij} y_{ij}^2] = \sum_{ij} E[y_{ij}^2] = \sum_{ij} E(m+t_i+e_{ij})^2$$

$$= \sum_{ij} E[m^2 + t_i^2 + e_{ij}^2 + 2mt_i + 2me_{ij} + 2t_i e_{ij}]$$

$$= \sum_{ij} [m^2 + \sigma_t^2 + \sigma^2] = Nm^2 + N\sigma_t^2 + N\sigma^2 \qquad \textbf{[1]}$$

$$E(C) = E\frac{(\sum_{ij} y_{ij})^2}{N} = \frac{1}{N} E[\sum_{ij}(m+t_i+e_{ij})]^2$$

$$= \frac{1}{N} E[Nm + \sum_i n_i t_i + \sum_{ij} e_{ij}]^2$$

$$= \frac{1}{N} E[N^2 m^2 + (\sum_i n_i t_i)^2 + (\sum_{ij} e_{ij})^2 + d.p.]$$

$$= \frac{1}{N}[N^2 m^2 + \sum_i n_i^2 \sigma_t^2 + N\sigma^2]$$

$$= Nm^2 + \frac{\sum_i n_i^2}{N}\sigma_t^2 + \sigma^2 \qquad \textbf{[2]}$$

pois

$$E[(\sum_i n_i t_i)^2] = E[n_1 t_1 + n_2 t_2 + ... + n_I t_I]^2$$

$$= E[n_1^2 t_1^2 + n_2^2 t_2^2 + ... + n_I^2 t_I^2 + d.p.]$$

$$= n_1^2 \sigma_t^2 + n_2^2 \sigma_t^2 + ... + n_I^2 \sigma_t^2 = \sum n_i^2 \sigma_t^2$$

De modo semelhante, temos que:

$$E[(\sum_{ij} e_{ij})^2] = E[(e_{11} + e_{12} + ... + e_{1n_1} + e_{21} + e_{22} + ... + e_{2n_2} + ... + e_{I1} + e_{I2} + ... + e_{In_I})^2]$$

$$= E[e_{11}^2 + e_{12}^2 + e_{13}^2 + ... + e_{1n_1}^2 + ... + e_{I1}^2 + ... + e_{In_I}^2 + \text{d.p.}]$$

$$= N\sigma^2 \quad \text{pois} \quad \sum_i n_i = N$$

$$E[\sum_i \frac{y_{i.}^2}{n_i}] = E[\frac{y_{i.}^2}{n_1} + \frac{y_{2.}^2}{n_2} + ... + \frac{y_{I.}^2}{n_I}]$$

$$= \frac{1}{n_1} E[y_{1.}^2] + \frac{1}{n_2} E[y_{2.}^2] + ... + \frac{1}{n_I} E(y_{I.}^2)$$

Mas,

$$E[y_{i.}^2] = E[n_1 m + n_1 t_1 + \sum_j e_{1j}]^2$$

$$= E[n_1^2 m^2 + n_1^2 t_1^2 + (\sum_j e_{1j})^2 + d.p.]$$

$$= n_1^2 m^2 + n_1^2 \sigma_t^2 + n_1 \sigma^2$$

Portanto

$$\frac{1}{n_1} E[y_{1.}^2] = n_1 m^2 + n_1 \sigma_t^2 + \sigma^2$$

De modo análogo, obtemos:

$$\frac{1}{n_2} E[y_{2.}^2] = n_2 m^2 + n_2 \sigma_t^2 + \sigma^2$$

e assim sucesivamente, até:

$$\frac{1}{n_I} E[y_{I.}^2] = n_I m^2 + n_I \sigma_t^2 + \sigma^2$$

Logo

$$E[\sum_i \frac{y_{i.}^2}{n_i}] = (n_1 + n_2 + ... + n_I) m^2 + (n_1 + n_2 + ... + n_I) \sigma_t^2 + (1 + 1 + ... + 1) \sigma^2$$

$$= Nm^2 + N\sigma_t^2 + I\sigma^2 \qquad \textbf{[3]}$$

Então:

$$E(SQTratamentos) = \textbf{[3]} - \textbf{[2]} = (N - \frac{\sum_i n_i^2}{N}) \sigma_t^2 + (I - 1)\sigma^2$$

$$\therefore\ E(QMTratamentos) = \frac{1}{I-1}\left(N - \frac{\sum_i n_i^2}{N}\right)\sigma_t^2 + \sigma^2 = \sigma^2 + k_1\sigma_t^2$$

$$E(SQRes) = [1] - [3] = (N - I)\sigma^2$$

$$\therefore\ E(QMRes) = \sigma^2$$

Logo, o esquema de análise de variância com a $E(QM)$ fica:

Causas de variância	GL	QM	E(QM)
Tratamentos	$I-1$	V_1	$\sigma^2 + k_1\sigma_t^2$
Resíduo	$N-I$	V_2	σ^2
Total	$N-1$		

onde

$$k_1 = \frac{1}{I-1}\left[N - \frac{\sum_i n_i^2}{N}\right] = \frac{1}{I-1}\left[n. - \frac{\sum_i n_i^2}{n.}\right]$$

$$\hat{\sigma}^2 = QMRes$$

$$\hat{\sigma}_t^2 = \frac{V_1 - V_2}{k_1} = \frac{QMTratamentos - QMRes}{k_1}$$

6.2.2. Modelo fixo

$$y_{ij} = m + t_i + e_{ij}$$

onde

m é fixo $\therefore\ E(m) = m$ e $E(m^2) = m^2$

t_i é fixo $\therefore\ E(t_i) = t_i$ e $E(t_i^2) = t_i^2$ e $\sum_i n_i t_i = 0$

e_{ij} é aleatório, $NID(0, \sigma^2)$

Nesse caso, temos:

Causas de variância	GL	QM	E(QM)
Tratamentos	$I-1$	V_1	$\sigma^2 + k_1\Phi_t$
Resíduo	$N-I$	V_2	σ^2
Total	$N-1$		

onde $k_1\Phi_t = \dfrac{\sum_i n_i t_i^2}{I-1}$

Exemplo:

Num ensaio com sete espécies de orquídeas, foram anotados os comprimentos das sépalas. O número de repetições variou de espécie, para espécie conforme indicação.

Espécie A : 16 plantas

Espécie B : 14 plantas

Espécie C : 8 plantas

Espécie D : 10 plantas

Espécie E : 7 plantas

Espécie F : 9 plantas

Espécie G : 11 plantas

Total : 75 plantas

O resultado da análise da variância foi:

Causas de variância	GL	QM	E(QM)
Tratamentos	6	$1229{,}62 = V_1$	$\sigma^2 + k_1\sigma_t^2$
Resíduo	68	$5{,}34 = V_2$	σ^2
Total	74		

As estimativas dos componentes de variância ficam:

$$\hat{\sigma}^2 = 5,34$$

$$\hat{\sigma}_t^2 = \frac{1229,62 - 5,34}{k_1} = \frac{1229,62 - 5,34}{10,57}$$

$$\therefore \hat{\sigma}_t^2 = 115,82$$

onde

$$k_1 = \frac{1}{7-1}[75 - \frac{16^2 + 14^2 + ... + 11^2}{75}] = 10,57$$

Obs.: k_1 nos dá aproximadamente o número médio de plantas por espécie, pois a média é $\frac{75}{7} \cong 10,71$ e $k_1 \cong 10,57$.

7

VARIÂNCIA DE ESTIMATIVAS DE COMPONENTES DE VARIÂNCIA OU VARIÂNCIA DE ESTIMATIVAS DE VARIÂNCIAS

Sabemos que qualquer *QM* de uma análise de variância multiplicada pelos *GL* e dividida pela *E*(*QM*) tem distribuição de χ^2. Suponhamos determinado *QM* e *f GL* a ele associado. Então:

$$\frac{f\,QM}{E(QM)} \sim \chi^2_f$$

Consideremos inicialmente o *QMRes* ao qual estão associados *f GL*. Ora, qualquer que seja o modelo matemático, temos que (desde que os erros não sejam correlacionados):

$$E(QMRes) = \sigma^2 \quad \therefore \quad \hat{\sigma}^2 = QMRes$$

Então

$$\frac{f\,QMRes}{E(QMRes)} \cap \chi^2_f$$

ou seja

$$\frac{f\,\hat{\sigma}^2}{\sigma^2} \cap \chi^2_f$$

Sabemos ainda que na distribuição de χ^2 a média é igual ao número de *GL* e a variância é igual a duas vezes os *GL*.

$$\therefore V(\frac{f\,\hat{\sigma}^2}{\sigma^2}) = 2f$$

$$\therefore \frac{f^2}{(\sigma^2)^2} V(\hat{\sigma}^2) = 2f$$

$$\therefore V(\hat{\sigma}^2) = \frac{2(\sigma^2)^2}{f} \quad \text{ou} \quad V(\hat{\sigma}^2) = \frac{2[E(\hat{\sigma}^2)]^2}{f}$$

Uma estimativa não tendenciosa dessa variância é obtida por:

$$\hat{V}(\hat{\sigma}^2) = \frac{2(\hat{\sigma}^2)^2}{f+2}$$

Verifiquemos a não tendenciosidade dessa estimativa:

$$E[\hat{V}(\hat{\sigma}^2)] = E[\frac{2(\hat{\sigma}^2)^2}{f+2}] = \frac{2}{f+2} E[(\hat{\sigma}^2)^2]$$

Mas sabemos que

$$V(\hat{\sigma}^2) = E[(\hat{\sigma}^2)^2] - [E(\hat{\sigma}^2)]^2$$

$$\therefore E[(\hat{\sigma}^2)^2] = V(\hat{\sigma}^2) + \{E[(\hat{\sigma}^2)]\}^2$$

$$= \frac{2(\sigma^2)^2}{f} + (\sigma^2)^2 = (\sigma^2)^2 \frac{2+f}{f}$$

pois, conforme já vimos, os estimadores de componentes de variância são não tendenciosos, isto é, $E(\hat{\sigma}^2) = \sigma^2$.

Logo

$$E[\hat{V}(\hat{\sigma}^2)] = \frac{2}{f+2} \cdot \frac{2+f}{f} (\sigma^2)^2 = \frac{2(\sigma^2)^2}{f} = V(\hat{\sigma}^2)$$

$$\therefore E[\hat{V}(\hat{\sigma}^2)] = V(\hat{\sigma}^2) \;\Rightarrow\; \text{não tendenciosidade}$$

No modelo inteiramente ao acaso, temos:

$$\hat{\sigma}_t^2 = \frac{QMTratamentos - QMRes}{J}$$

Portanto:

$$\hat{V}(\hat{\sigma}_t^2) = \frac{1}{J^2}[\hat{V}(QMTratamentos) + \hat{V}(QMRes)]$$

pode-se demonstrar que os QM de uma análise de variância são independentes.

$$\therefore \hat{V}(\hat{\sigma}_t^2) = \frac{1}{J^2}[\frac{2(QMTratamentos)^2}{(I-1)+2} + \frac{2(QMRes)^2}{I(J-1)+2}]$$

$$= \frac{2}{J^2}[\frac{(QMTratamentos)^2}{I+1} + \frac{(QMRes)^2}{I(J-1)+2}]$$

Vejamos o exemplo da página 31 onde $\hat{\sigma}_t^2 = 0{,}007708$ e $J = 5$.

Logo:

$$\hat{V}(\hat{\sigma}_t^2) = \frac{2}{5^2}[\frac{(0{,}038406)^2}{7+2} + \frac{(0{,}000133)^2}{32+2}] = 0{,}00001311$$

$$\therefore\ s\left(\hat{\sigma}_t^2\right) \approx 0{,}003621$$

Conhecidas as expressões das estimativas das variâncias das estimativas dos componentes de variância, podemos pensar em estabelecer os intervalos de confiança para os parâmetros correspondentes, σ^2 e σ_t^2.

Obs.: Para qualquer outra estimativa de componente de variância, para outros modelos, a obtenção de sua estimativa de variância segue o mesmo caminho. Para $\hat{\sigma}_t^2$, nos modelos inteiramente ao acaso, não balanceados:

$$\hat{\sigma}_t^2 = \frac{V_1 - V_2}{k_1} \qquad \text{onde} \qquad k_1 = \frac{1}{I-1}[N - \frac{\sum n_i^2}{N}]$$

$$\hat{V}(\hat{\sigma}_t^2) = \frac{2}{k_1^2}[\frac{(QMTrat)^2}{(I-1)+2} + \frac{(QMRes)^2}{(N-I)+2}]$$

Intervalos de confiança para componentes de variância

Se à estimativa de componente de variância estiverem associados f $GL > 30$, poderemos usar o teste t na obtenção do intervalo de confiança aproximado para esse componente, pois com $f > 30$ pode-se admitir a normalidade (distribuição normal para esse componente).

É geralmente o caso de σ^2, cuja estimativa

$$\hat{\sigma}^2 = QMRes$$

apresenta elevado número de GL.

Nessas condições, temos para σ^2 o seguinte IC:

$$\hat{\sigma}^2 \pm t_{\alpha/2} \cdot s(\hat{\sigma}^2)$$

Em nosso último exemplo, tínhamos:

$$\hat{\sigma}^2 = 5{,}34 \quad \text{com} \quad f = 68\ GL.$$

Consultando a tabela de t ao nível de 5% de probabilidade com 68 GL, temos:

$$t \cong 2$$

Por outro lado:

$$\hat{V}(\hat{\sigma}^2) = \frac{2(\hat{\sigma}^2)^2}{f+2} = \frac{2(5{,}34)^2}{68+2} \cong 0{,}8147$$

$$s(\hat{\sigma}^2) = 0{,}90$$

Logo:

$$IC(\sigma^2):\ 5{,}34 \pm 2 \cdot 0{,}9 \begin{cases} 3{,}54 \\ 7{,}14 \end{cases} \quad \text{ou } 3{,}54 \leq \sigma^2 \leq 7{,}14.$$

Vimos, porém, que $\dfrac{f\hat{\sigma}^2}{E(\hat{\sigma}^2)} \sim \chi^2_f$, logo, o IC **exato** para σ^2 é obtido com o teste de χ^2.

Nos casos de $f > 2$ GL a *f.d.p.* de χ^2 tem o aspecto do gráfico a seguir, tendendo para a curva normal à medida que f cresce.

Distribuição de χ^2 com 10 GL

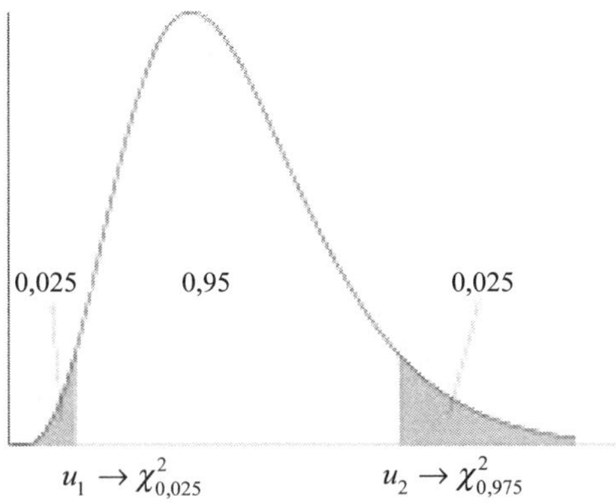

$$\therefore\ P[u_1 \le u \le u_2] = 0,95 = 1 - \alpha = 1 - 0,05$$

Mas, em nosso caso, se considerarmos

$$E(QMRes) = \sigma^2 \quad e \quad QMRes = \hat{\sigma}^2$$

teremos

$$u = \frac{f\hat{\sigma}^2}{\sigma^2}$$

Logo:

$$P[u_1 \le \frac{f\hat{\sigma}^2}{\sigma^2} \le u_2] = 0,95$$

$$P[\frac{1}{u_1} \ge \frac{\sigma^2}{f\hat{\sigma}^2} \ge \frac{1}{u_2}] = 0,95$$

ou ainda

$$P[\frac{1}{u_2} \le \frac{\sigma^2}{f\hat{\sigma}^2} \le \frac{1}{u_1}] = 0,95$$

$$P[\frac{f\hat{\sigma}^2}{u_2} \le \sigma^2 \le \frac{f\hat{\sigma}^2}{u_1}] = 0,95$$

onde $u_2 = \chi^2_{(f;0,975)}$ e $u_1 = \chi^2_{(f;0,025)}$

Logo, um *IC* exato para σ^2 será dado por:

$$P[\frac{f\hat{\sigma}^2}{u_2} \leq \sigma^2 \leq \frac{f\hat{\sigma}^2}{u_1}] = 0{,}95$$

Em nosso exemplo, temos:

$$\hat{\sigma}^2 = 5{,}34 \quad \text{com} \quad f = 68\ GL$$

Ora, para 68 *GL* e com interpolação linear, temos:

$$\chi^2_{(68;0,975)} = 92{,}7 \quad \text{e} \quad \chi^2_{(68;0,025)} = 47{,}2$$

Portanto, o IC para σ^2 fica:

$$\frac{68 \cdot 5{,}34}{92{,}7} \leq \sigma^2 \leq \frac{68 \cdot 5{,}34}{47{,}2}$$

$$3{,}92 \leq \sigma^2 \leq 7{,}69$$

Veja-se que com o teste *t* havíamos obtido:

$$3{,}54 \leq \sigma^2 \leq 7{,}14$$

Obs.: Ao consultar a tabela de χ^2, deve-se ter cuidado e verificar se os valores são $\int_0^{u_1}$ e $\int_0^{u_2}$ ou $\int_{u_1}^{\infty}$ e $\int_{u_2}^{\infty}$.

Se considerarmos, agora, a variância devida a tratamentos nos ensaios inteiramente ao acaso, não saberemos o número de *GL* associado a sua estimativa, pois

$$\hat{\sigma}_t^2 = \frac{QMTratamentos - QMRes}{J}$$

Um modo de obter uma aproximação desses *GL* é através de Satterthwaite.

Fórmula de Satterthwaite (para obtenção de número de *GL*)

Sejam V_1 e V_2 duas estimativas de variâncias às quais estão associados n_1 e n_2 *GL*, respectivamente, e supondo, ainda, que V_1 e V_2 são independentes.

Podemos pensar em obter uma nova estimativa de variância através da combinação linear entre V_1 e V_2, ou seja:

$$V = a_1 V_1 + a_2 V_2$$

A V estão associados n GL desconhecidos. O outro modo de escrever poderia ser:

Se $V_1 = \hat{\sigma}_1^2 \quad V_2 = \hat{\sigma}_2^2 \quad V = \hat{\sigma}_i^2$,

então

$$\hat{\sigma}_i^2 = a_1 \hat{\sigma}_1^2 + a_2 \hat{\sigma}_2^2$$

Ora, sabemos que $\frac{n_1 V_1}{\sigma_1^2}$ e $\frac{n_2 V_2}{\sigma_2^2}$, onde $\sigma_1^2 = E(V_1)$ e $\sigma_2^2 = E(V_2)$ têm distribuição de χ^2, com n_1 e n_2 GL, respectivamente. Então, sendo independentes, pode-se demonstrar que, se $a_1 = a_2 = 1$, então $\frac{nV}{\sigma^2}$ terá distribuição de χ^2, com $n = (n_1 + n_2)$ GL.

Porém, em $\hat{\sigma}_t^2$ e em outras estimativas de componentes de variância, a situação não é essa. Tem-se geralmente $a_1 = -a_2$ ou outros valores quaisquer. Então, não se conhece, nesses casos, a distribuição dessas diferenças.

Pode-se, de modo geral, considerar que se tem uma aproximação da distribuição de χ^2 (ver Searle, p. 412).

Voltando à expressão de V ou $\hat{\sigma}_t^2$, temos:

$$\hat{\sigma}_i^2 = a_1 \hat{\sigma}_1^2 + a_2 \hat{\sigma}_2^2$$

$$\therefore V(\hat{\sigma}_i^2) = a_1^2 V(\hat{\sigma}_1^2) + a_2^2 V(\hat{\sigma}_2^2)$$

$$\frac{2(\hat{\sigma}_i^2)^2}{n} = a_1^2 \frac{2(\sigma_1^2)^2}{n_1} + a_2^2 \frac{2(\sigma_2^2)^2}{n_2}$$

$$\therefore n = \frac{(\sigma_i^2)^2}{\frac{(a_1\sigma_1^2)^2}{n_1} + \frac{(a_2\sigma_2^2)^2}{n_2}} = \frac{(a_1\sigma_1^2 + a_2\sigma_2^2)^2}{\frac{(a_1\sigma_1^2)^2}{n_1} + \frac{(a_2\sigma_2^2)^2}{n_2}}$$

$$\therefore n = \frac{(a_1\hat{\sigma}_1^2 + a_2\hat{\sigma}_2^2)^2}{\frac{(a_1\hat{\sigma}_1^2)^2}{n_1+2} + \frac{(a_2\hat{\sigma}_2^2)^2}{n_2+2}}$$

ou

$$n = \frac{(\hat{\sigma}_1^2)^2}{\frac{(a_1\hat{\sigma}_1^2)^2}{n_1+2} + \frac{(a_2\hat{\sigma}_2^2)^2}{n_2+2}}$$

Prefere-se, no entanto, em trabalhos práticos, usar a expressão:

$$n+2 = \frac{(a_1\hat{\sigma}_1^2 + a_2\hat{\sigma}_2^2)^2}{\frac{(a_1\hat{\sigma}_1^2)^2}{n_1} + \frac{(a_2\hat{\sigma}_2^2)^2}{n_2}}$$

que é a fórmula de Satterthwaite para o número de *GL* associado a uma estimativa de variância obtida da combinação linear de outras duas independentes com números de *GL* conhecidos.

Verifiquemos, num exercício, o fato, já descrito, do caso em que $a_1 = a_2 = 1$.

Sejam $V_1 = \hat{\sigma}_1^2 = 30$, com $n_1 = 10\ GL$

$V_2 = \hat{\sigma}_2^2 = 80$, com $n_2 = 20\ GL$

Se $V = V_1 + V_2$, espera-se que se tenha $n = n_1 + n_2 = 30\ GL$ a ela associados.

Por Satterthwaite:

$$n = \frac{V^2}{\frac{V_1^2}{n_1} + \frac{V_2^2}{n_2}} = \frac{(30+80)^2}{\frac{(30)^2}{10} + \frac{(80)^2}{20}} = 29{,}47 \cong 30\ GL$$

$$\text{Se } -a_1 = +a_2 \Rightarrow V = V_2 - V_1 = 80 - 30 = 50$$

$$n = \frac{50^2}{\frac{80^2}{20} + \frac{30^2}{10}} \cong 6{,}1 \quad \therefore \quad n \cong 6\,GL$$

Então, no caso de:

$$\hat{\sigma}_t^2 = \frac{QMTratamentos - QMRes}{J}$$

onde aparece uma diferença de QM independentes, aceita-se que a distribuição seja aproximada de χ^2 e usa-se a expressão de Satterthwaite para obter o número de GL associado a $\hat{\sigma}_t^2$.

Em nosso exemplo, tínhamos $\hat{\sigma}_t^2 = 115{,}82$ obtido de

$QMTratamentos = 1229{,}62$ com 6 GL

$QMRes = 5{,}34$ com 68 GL

Então, a $\hat{\sigma}_t^2$ estão associados n_t GL obtidos por:

$$n_t = \frac{(1229{,}62 - 5{,}34)^2}{\frac{(1229{,}62)^2}{6} + \frac{(5{,}34)^2}{68}} = 5{,}95 \cong 6\ GL$$

O IC para σ_t^2 fica:

$$\frac{n_t \hat{\sigma}_t^2}{\chi^2_{6;0,975}} \leq \hat{\sigma}_t^2 \leq \frac{n_t \hat{\sigma}_1^2}{\chi^2_{6;0,025}}$$

$$\frac{6(115{,}82)}{14{,}45} \leq \hat{\sigma}_t^2 \leq \frac{6(115{,}82)}{1{,}24}$$

$$48{,}09 \leq \hat{\sigma}_t^2 \leq 560{,}42$$

A fórmula de Satterthwaite para estimar o número de graus de liberdade para a diferença de dois quadrados médios, de acordo com Gaylor e Hopper (1969), é

$$\hat{f}_0 = \frac{(\hat{\rho} - 1)^2}{\left(\frac{\hat{\rho}}{f_1} + \frac{1}{f_2}\right)^2} \quad \text{ou} \quad \hat{f}_0 = \frac{(M_1 - M_2)^2}{\frac{M_1^2}{f_1} + \frac{M_2^2}{f_2}}$$

que coincide com a fórmula anteriormente apresentada.

$$\hat{\rho} = \frac{M_1}{M_2} \geq 1 \text{ e } \frac{\hat{f}_0 M_0}{E(M_0)} \sim \chi^2_{\hat{f}_0}$$

de acordo com Gaylor e Hopper (1969), com $M_0 = M_1 - M_2$

onde

M_1 é um *QM*, com f_1 *GL* a ele associados

M_2 é também *QM*, com f_2 *GL* associados

$\therefore \hat{f}_0\left(\hat{\sigma}_1^2\right) = 6\ GL$ associados a $\hat{\sigma}_1^2$, como já obtido anteriormente.

Outras condições necessárias para que $\frac{\hat{f}_0 M_0}{E(M_0)}$ tenha distribuição aproximadamente de $\chi^2_{\hat{f}_0}$ são:

$$\rho > F_{f_2, f_1; 0{,}975} \qquad f_1 \leq 100\ GL \qquad f_1 \leq 2_{f_2}$$

Além disso, quando $\hat{\rho} > F_{f_2, f_1; 0{,}975} \cdot F_{f_1, f_2; 0{,}5}$

então:

$\rho > F_{f_2, f_1; 0{,}975}$ poderá estar satisfeita.

8

MÉTODO PRÁTICO PARA OBTENÇÃO DE *E(QM)* NOS MODELOS BALANCEADOS (Hicks, 1973)

Consideremos para efeito ilustrativo o modelo:

$$y_{ijk} = m + a_i + b_j + ab_{ij} + e_{ijk}$$

onde $i = 1, 2, ..., I$, que é o número de níveis do fator A

$j = 1, 2, ..., J$, que é o número de níveis do fator B

$k = 1, 2, ..., K$, que é o número de repetições.

8.1. Modelo aleatório

Suponhamos, inicialmente, que o modelo seja aleatório, logo:

$E(m) = m$ e $E(m^2) = m^2$

$E(a_i) = 0$ e $E(a_i^2) = \sigma_a^2$

$E(b_j) = 0$ e $E(b_j^2) = \sigma_b^2$

$E(ab_{ij}) = 0$ e $E(ab_{ij}^2) = \sigma_{ab}^2$

$E(e_{ijk}) = 0$ e $E(e_{ijk}^2) = \sigma^2$

Cosideremos, então, uma tabela de dupla entrada. O método prático consiste nas etapas que se seguem.

1) Colocamos à esquerda as fontes (causas) de variação representadas pelos próprios efeitos do modelo.

a_i	
b_j	
ab_{ij}	
$e_{(ij)k}$	

Obs.: Usamos *ij* entre parênteses em $e_{(ij)k}$ para indicar que a variação é **dentro de**.

2) Colocamos na entrada superior da tabela todos os índices envolvidos no modelo. Logo acima de cada um colocamos a letra *f*, se o efeito a que o índice se refere é fixo, ou a letra *a*, se aleatório. Mais acima de cada um, colocamos o número de observações correspondentes.

	I	J	K	
	a	a	a	
	i	j	k	
a_i				
b_j				
ab_{ij}				
$e_{(ij)k}$				

3) Em cada coluna, colocamos o número de observações correspondentes em cada linha na qual o índice da coluna não aparece, ou seja, colocamos *I* (maiúsculo) onde não há *i* (minúsculo), *J* onde não há *j* e assim por diante.

	I	J	K	
	a	a	a	
	i	j	k	
a_i		J	K	
b_j	I		K	
ab_{ij}			K	
$e_{(ij)k}$				

4) Nas linhas em que aparecem índices entre parênteses, colocamos 1 nas colunas referentes a esses índices.

	I a i	J a j	K a k
a_i		J	K
b_j	I		K
ab_{ij}			K
$e_{(ij)k}$	1	1	

5) Nas casas restantes, colocamos 1 se o efeito é aleatório, isto é, se aparece *a* sobre o índice correspondente, ou zero se é fixo.

	I a i	J a j	K a k
a_i	**1**	J	K
b_j	I	**1**	K
ab_{ij}	**1**	**1**	K
$e_{(ij)k}$	1	1	**1**

6) A obtenção das $E(QM)$ segue deste modo.

6.1) Cobrimos as colunas correspondentes aos índices que ocorrem na linha para a qual se pretende obter $E(QM)$. Quando há índices entre parênteses, não se cobrem as colunas.

6.2) Multiplicam-se os valores internos da tabela em cada linha. Esses produtos são multiplicados, respectivamente, pela variância do efeito. A soma desses produtos nos dá a $E(QM)$, porém, devem-se eliminar dessa soma todas as parcelas oriundas de linhas que não contenham o índice do efeito a que se refere a $E(QM)$.

	I a i	J a j	K a k	$E(QM)$
a_i	**1**	J	K	$\sigma^2 + K\sigma^2_{ab} + JK\sigma^2_a$
b_j	I	**1**	K	$\sigma^2 + K\sigma^2_{ab} + IK\sigma^2_b$
ab_{ij}	**1**	**1**	K	$\sigma^2 + K\sigma^2_{ab}$
$e_{(ij)k}$	1	1	**1**	σ^2

O resultado final é apresentado no quadro da análise da variância a seguir.

Causa de variação	GL	QM	E(QM)
A	$I-1$	V_1	$\sigma^2 + K\sigma^2_{ab} + JK\sigma^2_a$
B	$J-1$	V_2	$\sigma^2 + K\sigma^2_{ab} + IK\sigma^2_b$
AB	$(I-1)(J-1)$	V_3	$\sigma^2 + K\sigma^2_{ab}$
Resíduo	$IJ(K-1)$	V_4	σ^2
Total	$IJK-1$		

8.2. Modelo fixo

Se o modelo é considerado fixo, temos:

$$E(m) = m \qquad E(m^2) = m^2$$

$$E(a_i) = a_i \qquad E(a_i^2) = a_i^2$$

$$E(b_j) = b_j \qquad E(b_j^2) = b_j^2$$

$$E(ab_{ij}) = ab_{ij} \qquad E(ab_{ij}^2) = (ab)_{ij}^2$$

$$E(e_{ijk}) = 0 \qquad E(e_{ijk}^2) = \sigma^2$$

Logo, obtemos:

	I f i	J f j	K a k	$E(QM)$
a_i	**0**	J	K	$\sigma^2 + JK\Phi_a$
b_j	I	**0**	K	$\sigma^2 + IK\Phi_b$
ab_{ij}	**0**	**0**	K	$\sigma^2 + K\Phi_{ab}$
$e_{(ij)k}$	1	1	**1**	σ^2

em que: $\Phi_a = \frac{\sum a_i^2}{I-1}$, $\Phi_b = \frac{\sum b_j^2}{J-1}$ e $\Phi_{ab} = \frac{\sum (ab)_{ij}^2}{(I-1)(J-1)}$.

8.3. Modelo misto

O modelo

$$y_{ijk} = m + a_i + b_j + ab_{ij} + e_{ijk}$$

pode ser considerado misto, sob duas alternativas:

1) ou a_i é fixo e b_j é aleatório, ou
2) a_i é aleatório e b_j é fixo.

A interação ab_{ij} será sempre considerada aleatória se: ou a_i é aleatório, ou b_j é aleatório, ou ambos são aleatórios.

Logo, ela será considerada fixa somente no caso em que os parâmetros nela envolvidos forem todos fixos.

Nessas condições, de acordo com Hicks (e vários outros autores), deve-se admitir que:

$\sum_i ab_{ij} = 0$, bem como $\sum_{ij} ab_{ij} = 0$ se a_i for fixo (b_j aleatório).

Analogamente:

$\sum_j ab_{ij} = 0$ e $\sum_{ij} ab_{ij} = 0$ se b_j for de efeito fixo (a_i aleatório). Isto se justifica porque se a_i for fixo $\sum_i a_i = 0$ e se b_j for fixo, $\sum_j b_j = 0$.

Nessas condições (segundo Hicks), e admitindo-se o caso de a_i fixo, temos:

	I f i	J a j	K a k	$E(QM)$
a_i	**0**	J	K	$\sigma^2 + K\sigma_{ab}^2 + JK\Phi_a$
b_j	I	**1**	K	$\sigma^2 + IK\sigma_b^2$
ab_{ij}	**0**	**1**	K	$\sigma^2 + K\sigma_{ab}^2$
$e_{(ij)k}$	1	1	**1**	σ^2

Resumindo os três tipos de modelos, temos:

	GL	QM	Aleatório	Fixo	Misto (a_i fixo)	Misto (b_j fixo)
A	$I-1$	V_1	$\sigma^2+K\sigma^2_{ab}+JK\sigma^2_a$	$\sigma^2+JK\Phi_a$	$\sigma^2+K\sigma^2_{ab}+JK\Phi_a$	$\sigma^2+JK\sigma^2_a$
B	$J-1$	V_2	$\sigma^2+K\sigma^2_{ab}+IK\sigma^2_b$	$\sigma^2+JK\Phi_b$	$\sigma^2+IK\sigma^2_b$	$\sigma^2+K\sigma^2_{ab}+IK\Phi_b$
AB	$(I-1)(J-1)$	V_3	$\sigma^2+K\sigma^2_{ab}$	$\sigma^2+K\Phi_{ab}$	$\sigma^2+K\sigma^2_{ab}$	$\sigma^2+K\sigma^2_{ab}$
Resíduo	$IJ(K-1)$	V_4	σ^2	σ^2	σ^2	σ^2
Total	$IJK-1$					

onde: $\Phi_{\text{a}} = \dfrac{\sum_i a_i^2}{I-1}$, $\Phi_{\text{b}} = \dfrac{\sum_j b_j^2}{J-1}$ e $\Phi_{\text{ab}} = \dfrac{\sum_{ij} (ab)_{ij}^2}{(I-1)(J-1)}$

Observa-se nesse quadro que:

1) Os testes F para A e B, no **modelo aleatório**, são feitos com a interação. Para a interação, o teste é feito com o resíduo. As hipóteses testadas são, respectivamente:

$$H_0 : \sigma^2_a = 0$$

$$H_0 : \sigma^2_b = 0$$

$$H_0 : \sigma^2_{ab} = 0$$

2) Os testes F, no **modelo fixo**, são todos feitos com o resíduo. As hipóteses testadas são:

$$H_0 : a_i = 0 \qquad \forall_i$$

$$H_0 : b_j = 0 \qquad \forall_j$$

$$H_0 : ab_{ij} = 0 \qquad \forall_{i,j}$$

3) O teste F para A é feito com a interação e para B e int AxB é feito com o resíduo no **modelo misto** em que se considerou a_i como fixo.

4) Os estimadores dos componentes de variância têm as seguintes expressões:

$$\hat{\sigma}^2 = V_4 = QMRes$$

$$\hat{\sigma}^2_{ab} = \frac{V_3 - V_4}{K} = \frac{QMInt\ A\text{x}B - QMRes}{K}$$

$$\hat{\sigma}^2_b = \frac{V_2 - V_3}{IK} \text{ no modelo aleatório}$$

ou $\hat{\sigma}^2_b = \frac{V_2 - V_4}{IK}$ no modelo misto

$$\hat{\sigma}^2_a = \frac{V_1 - V_3}{JK} \text{ no modelo aleatório}$$

ou $\hat{\sigma}^2_a = \frac{V_1 - V_4}{JK}$ no modelo misto

Vimos que, no método prático de Hicks, há que se admitir que:

$\sum_i ab_{ij} = 0$ no caso em que a_i é fixo e b_j aleatório, ou

$\sum_j ab_{ij} = 0$ para a_i aleatório e b_j fixo

Vejamos agora como fica a dedução das $E(QM)$ usando-se as restrições anteriores.

$$y_{ijk} = m + a_i + b_j + ab_{ij} + e_{ijk}$$

As somas de quadrados (para $i = 1, 2, \ldots, I; j = 1, 2, \ldots, J; k = 1, 2, \ldots, K$) são obtidas por:

$$SQA = \frac{1}{JK}\sum_i y_{i..}^2 - C$$

$$SQB = \frac{1}{IK}\sum_j y_{.j.}^2 - C$$

$$SQAxB = \frac{1}{K}\sum_{ij} y_{ij.}^2 - C - SQA - SQB$$

$$= \frac{1}{K}\sum_{ij} y_{ij.}^2 - \frac{1}{JK}\sum_i y_{i..}^2 - \frac{1}{IK}\sum_j y_{.j.}^2 + C$$

A/B	$B_1(K)$	B_2	...	B_J	(JK)
A_1	$y_{11.}$	$y_{12.}$	...	$y_{1J.}$	$y_{1..}$
A_1	$y_{21.}$	$y_{22.}$	...	$y_{2J.}$	$y_{2..}$
...	...	...	...	...	...
A_I	$y_{I1.}$	$y_{I2.}$	...	$y_{IJ.}$	$y_{I..}$
(IK)	$y_{.1.}$	$y_{.2.}$	...	$y_{.J.}$	$y_{...}$

onde: $C = \frac{1}{IJK}(\sum_{ijk} y_{ijk})^2$

$$SQTotal = \sum_{ijk} y_{ijk}^2 - C$$

$$SQRes = \sum_{ijk} y_{ijk}^2 - \frac{1}{K}\sum_{ij} y_{ij}^2$$

Admitindo o **modelo misto** com a_i fixo e b_j aleatório, teremos:

$$\sum_i a_i = 0, \sum_i ab_{ij} = 0 \Rightarrow \sum_{ij} ab_{ij} = 0$$

Então, admitindo inicialmente que $E(ab_{ij})^2 = \sigma_{ab}^2$, temos:

$$E[\sum_i \frac{y_{i..}^2}{JK}] = IJKm^2 + JK\sum_i a_i^2 + IK\sigma_b^2 + IK\sigma_{ab}^2 + I\sigma^2 \quad \textbf{[1]}$$

$$E[\sum_j \frac{y_{.j.}^2}{IK}] = IJKm^2 + IJK\sigma_b^2 + J\sigma^2 \quad \textbf{[2]}$$

$$E[\sum_{ij} \frac{y_{ij.}^2}{K}] = IJKm^2 + JK\sum_i a_i^2 + IJK\sigma_b^2 + IJK\sigma_{ab}^2 + IJ\sigma^2 \qquad \textbf{[3]}$$

$$E[\sum_{ijk} y_{ijk}^2] = IJKm^2 + JK\sum_i a_i^2 + IJK\sigma_b^2 + IJK\sigma_{ab}^2 + IJK\sigma^2 \qquad \textbf{[4]}$$

$$E(C) = IJKm^2 + IK\sigma_b^2 + \sigma^2 \qquad \textbf{[5]}$$

Logo,

$$E(SQA) = \textbf{[1]} - \textbf{[5]} = JK\sum_i a_i^2 + IK\sigma_{ab}^2 + (I-1)\sigma^2$$

$$\therefore\ E(QMA) = JK\frac{\sum_i a_i^2}{I-1} + \frac{I}{I-1}K\sigma_{ab}^2 + \sigma^2$$

Esperava-se que o coeficiente de σ_{ab}^2 na $E(QMA)$ fosse igual a K e não $\frac{I}{I-1}K$. Portanto, segundo Peter John, "é conveniente" que $E(ab_{ij})^2 = \frac{I-1}{I}\sigma_{ab}^2$.

Com isso, nas expressões das $E(QM)$, temos o seguinte:

Na expressão **[1]** $\quad IK\frac{I-1}{I}\sigma_{ab}^2 = K(I-1)\sigma_{ab}^2$

Na expressão **[3]** $\quad IJK\frac{I-1}{I}\sigma_{ab}^2 = JK(I-1)\sigma_{ab}^2$

Isso também ocorre na expressão **[4]**.

Com esse novo valor da $E(ab_{ij})^2$, que se justifica pela presença de covariância não nula entre ab_{ij}, com $ab_{i'j}$, isto é, $Cov(ab_{ij}, ab_{i'j}) \neq 0$, temos:

$$E(SQA) = JK\sum_i a_i^2 + K(I-1)\sigma_{ab}^2 + (I-1)\sigma^2$$

$$E(QMA) = JK\frac{\sum_i a_i^2}{I-1} + K\sigma_{ab}^2 + \sigma^2$$

$$E(QMB) = \sigma^2 + IK\sigma_b^2$$

$$E(QMAxB) = \sigma^2 + K\sigma^2_{ab}$$

$$E(QMRes) = \sigma^2$$

Esses valores coincidem exatamente com os resultados obtidos pelo método prático de Hicks. IMPORTANTE: Então, nesse método, deve-se admitir que:

1) $\sum_i ab_{ij} = 0 \Rightarrow \sum_{i,j} ab_{ij} = 0$ se a_i fixo e b_j aleatório

2) $E(ab_{ij})^2 = \frac{I-1}{I}\sigma^2_{ab}$ nas condições de 1

No caso em que admitimos a_i aleatório e b_j fixo, temos:

$$\sum_j ab_{ij} = 0 \Rightarrow \sum_{ij} ab_{ij} = 0$$

$$E(ab_{ij})^2 = \frac{J-1}{J}\sigma^2_{ab}$$

A outra alternativa, já citada, para a obtenção das *E*(*QM*) nos modelos mistos é aquela em que admitimos:

$\sum_i ab_{ij} \neq 0$ para a_i fixo e b_j aleatório, ou

$\sum_j ab_{ij} \neq 0$ para a_i aleatório e b_j fixo

e também $E(ab_{ij})^2 = \sigma^2_{ab}$. Estas observações se estendem para qualquer outro modelo misto envolvendo interações.

Para a obtenção das *E*(*QM*) pelo método prático, propõe-se o **método prático de Hicks modificado**. A modificação consiste em colocar a letra *a* ou a letra *f* se o efeito é aleatório ou fixo, respectivamente, ao lado da fonte ou causa de variação, e não sobre os índices, como em Hicks original.

Então, para o modelo proposto:

$$y_{ijk} = m + a_i + b_j + ab_{ij} + e_{ijk}$$

com a_i fixo, sendo $i = 1, 2, \ldots, I$

b_j aleatório, sendo $j = 1, 2, \ldots, J$, com $E(b_j)^2 = \sigma_b^2$

ab_{ij} aleatório, com $E(ab_{ij})^2 = \sigma_{ab}^2$

e_{ijk} sendo $k = 1, 2, \ldots, K$ aleatório

temos o seguinte resultado pelo método modificado:

		I i	J j	K k	$E(QM)$
f	a_i	**0**	J	K	$\sigma^2 + K\sigma_{ab}^2 + JK\Phi_a$
a	b_j	I	**1**	K	$\sigma^2 + K\sigma_{ab}^2 + IK\sigma_b^2$
a	ab_{ij}	**1**	**1**	K	$\sigma^2 + K\sigma_{ab}^2$
a	$e_{(ij)k}$	1	1	**1**	σ^2

Obs.: Nesse método, não existe necessidade da presença de índices entre parênteses no erro; porém, há que se admitir σ^2 nessa linha, pois sem parênteses todas as colunas seriam cobertas.

		I i	J j	K k	$E(QM)$
a	a_i	**1**	J	K	$\sigma^2 + K\sigma_{ab}^2 + JK\sigma_a^2$
f	b_j	I	**0**	K	$\sigma^2 + K\sigma_{ab}^2 + IK\Phi_b$
a	ab_{ij}	**1**	**1**	K	$\sigma^2 + K\sigma_{ab}^2$
a	$e_{(ij)k}$	1	1	**1**	σ^2

Verifica-se, pelo resultado obtido que na linha relativa à fonte de variação b_j aparece também a parcela $K\sigma_{ab}^2$ (o que não ocorria no Hicks original e contrariava a expressão do teste F para B – misto com a_i fixo – em relação à estatística experimental – grupos de experimentos).

Com isso, o teste F para A e para B é feito com a interação, e o desta, com o resíduo, em qualquer caso do modelo misto.

Convém salientar que, nos casos de modelos fixos e de modelos aleatórios, os dois métodos (Hicks e Hicks modificado) conduzem aos mesmos resultados.

9

COMPONENTES DE VARIÂNCIA NO MODELO DE BLOCOS CASUALIZADOS

Seja o modelo matemático:

$$y_{ij} = m + t_i + b_j + e_{ij}$$

onde: m média geral

t_i com i = 1, 2, ..., I, é o efeito de tratamentos

b_j com j = 1, 2, ..., J, é o efeito de blocos

e_{ij} é o erro experimental

9.1. Modelo aleatório

t_i é aleatório, $NID(0,\sigma_t^2)$, isto é, $E(t_i) = 0$ e $E(t_i^2) = \sigma_t^2$

b_j é também aleatório, $NID(0,\sigma_b^2)$, isto é, $E(b_j) = 0$ e $E(b_j^2) = \sigma_b^2$

e_{ij} é aleatório, $NID(0,\sigma^2)$, isto é, $E(e_{ij}) = 0$ e $E(e_{ij}^2) = \sigma^2$

Admitindo que os efeitos aleatórios são não correlacionados, pelo método Hicks modificado, temos o resultado a seguir.

		I	J	1	$E(QM)$
		i	j	k	
a	t_i	**1**	J	1	$\sigma^2 + J\sigma_t^2$
a	b_j	I	**1**	1	$\sigma^2 + I\sigma_b^2$
a	$e_{(ij)k}$	1	1	**1**	σ^2

ou, sem colocar o k, podemos escrever $e_{(i)j}$, sendo coberta somente a coluna j, para a linha $e_{(i)j}$.

		I	J	$E(QM)$
		i	j	
a	t_i	**1**	J	$\sigma^2 + J\sigma_t^2$
a	b_j	I	**1**	$\sigma^2 + I\sigma_b^2$
a	$e_{(i)j}$	1	**1**	σ^2

Desse resultado temos que:

a) O teste F para tratamentos e para blocos é feito com o resíduo.

b) $\hat{\sigma}_t^2 = \dfrac{QMTratamentos - QMRes}{J}$

$$\hat{\sigma}_b^2 = \frac{QMBlocos - QMRes}{I}$$

9.2. Modelo fixo

t_i é fixo, logo $E(t_i) = t_i$ e $E(t_i^2) = t_i^2$; $\sum_i t_i = 0$

b_j é fixo, logo $E(b_j) = b_j$ e $E(b_j^2) = b_j^2$; $\sum_j b_j = 0$

		I	J	$E(QM)$
		i	j	
f	t_i	**0**	J	$\sigma^2 + J\Phi_t$
f	b_j	I	**0**	$\sigma^2 + I\Phi_b$
a	$e_{(i)j}$	1	1	σ^2

Deve-se observar que, nos ensaios em blocos casualizados, a suposta interação (TxB) está medindo o erro experimental, isto é, nos ensaios em blocos ao acaso não se admite a presença da interação TxB.

Um modo de verificar a presença ou ausência dessa interação é verificar a aditividade (ou não aditividade) do modelo, que se faz com o teste de Tukey para esse caso (ver: TUKEY, J.W. "One degree of freedon for non-additivity". **Biometrics**, 5:232-42,1949).

9.3. Modelos mistos

t_i fixo e b_j aleatório

		I i	J j	$E(QM)$
f	t_i	**0**	J	$\sigma^2 + J\Phi_t$
a	b_j	I	**1**	$\sigma^2 + I\sigma_b^2$
a	$e_{(i)j}$	1	1	σ^2

$$\Phi_t = \frac{\sum_i t_i^2}{I-1}$$

t_i aleatório e b_j fixo

		I i	J j	$E(QM)$
a	t_i	**1**	J	$\sigma^2 + J\sigma_t^2$
f	b_j	I	**0**	$\sigma^2 + I\Phi_b$
a	$e_{(i)j}$	1	1	σ^2

$$\Phi_b = \frac{\sum_j b_j^2}{J-1}$$

Pelo método original de Hicks:

	I a i	J a j	$E(QM)$
t_i	**1**	J	$\sigma^2 + J\sigma_t^2$
b_j	I	**1**	$\sigma^2 + I\sigma_b^2$
$e_{(i)j}$	1	1	σ^2

	I f i	J f j	$E(QM)$
t_i	**0**	J	$\sigma^2 + J\Phi_t$
b_j	I	**0**	$\sigma^2 + I\Phi_b$
$e_{(i)j}$	1	0	σ^2

	I f i	J a j	$E(QM)$
t_i	**0**	J	$\sigma^2 + J\Phi_t$
b_j	I	**1**	$\sigma^2 + I\sigma_b^2$
$e_{(i)j}$	1	1	σ^2

	I a i	J f j	$E(QM)$
t_i	**1**	J	$\sigma^2 + J\sigma_t^2$
b_j	I	**0**	$\sigma^2 + I\Phi_b$
$e_{(i)j}$	1	0	σ^2

Portanto, obtemos os mesmos resultados.

10

COMPONENTES DE VARIÂNCIA NO MODELO DE BLOCOS CASUALIZADOS COM *K* AMOSTRAS POR PARCELA

O modelo matemático nesse caso é:

$$y_{ijk} = m + t_i + b_j + e_{ij} + \varepsilon_{ijk}$$

onde: m é a média geral

t_i é o efeito de tratamentos

b_j é o efeito de blocos

e_{ij} é o erro experimental (ou erro entre)

ε_{ijk} é o erro amostral (ou erro dentro)

Cosideremos, para obtenção das $E(QM)$, o método de Hicks modificado e que $i = 1, 2, \ldots, I$, $j = 1, 2, \ldots, J$ e $k = 1, 2, \ldots, K$.

10.1. Modelo aleatório

m é fixo $\therefore$ $E(m) = m$ e $E(m^2) = m^2$

t_i *NID*, com média 0 e variância σ_t^2, logo $E(t_i) = 0$ e $E(t_i^2) = \sigma_t^2$

b_j *NID*, com média 0 e variância σ_b^2, logo $E(b_j) = 0$ e $E(b_j^2) = \sigma_b^2$

e_{ij} *NID*, com média 0 e variância σ_e^2, logo $E(e_{ij}) = 0$ e $E(e_{ij}^2) = \sigma_e^2$

ε_{ijk} *NID*, com média 0 e variância σ_ε^2, logo $E(\varepsilon_{ijk}) = 0$ e $E(\varepsilon_{ijk}^2) = \sigma_\varepsilon^2$

Admitindo que os efeitos aleatórios são não correlacionados, temos:

		I i	J j	K k	$E(QM)$
a	t_i	**1**	J	K	$\sigma_\varepsilon^2 + K\sigma_e^2 + JK\sigma_t^2$
a	b_j	I	**1**	K	$\sigma_\varepsilon^2 + K\sigma_e^2 + IK\sigma_b^2$
a	e_{ij}	**1**	**1**	K	$\sigma_\varepsilon^2 + K\sigma_e^2$
a	$\varepsilon_{(ij)k}$	1	1	**1**	σ_ε^2

10.2. Modelo fixo

Nesse caso, temos:

t_i fixo $\therefore E(t_i) = t_i$, $E(t_i^2) = t_i^2$ e $\sum_i t_i = 0$

b_j fixo $\therefore E(b_j) = b_j$, $E(b_j^2) = b_j^2$ e $\sum_j b_j = 0$

e_{ij} e ε_{ijk} continuam aleatórios, pois são erros.

		I i	J j	K k	$E(QM)$
f	t_i	**0**	J	K	$\sigma_\varepsilon^2 + K\sigma_e^2 + JK\Phi_t$
f	b_j	I	**0**	K	$\sigma_\varepsilon^2 + K\sigma_e^2 + IK\Phi_b$
a	e_{ij}	**1**	**1**	K	$\sigma_\varepsilon^2 + K\sigma_e^2$
a	$\varepsilon_{(ij)k}$	1	1	**1**	σ_ε^2

onde: $\Phi_t = \dfrac{\sum t_i^2}{I-1}$ e $\Phi_b = \dfrac{\sum b_j^2}{J-1}$

admitindo que e_{ij} e ε_{ijk} são não correlacionados.

10.3. Modelo misto

t_i fixo e b_j aleatório

Considerando as condições já impostas nos modelos anteriores, temos:

		I i	J j	K k	$E(QM)$
f	t_i	**0**	J	K	$\sigma_\varepsilon^2 + K\sigma_e^2 + JK\Phi_t$
a	b_j	I	**1**	K	$\sigma_\varepsilon^2 + K\sigma_e^2 + IK\sigma_b^2$
a	e_{ij}	**1**	**1**	K	$\sigma_\varepsilon^2 + K\sigma_e^2$
a	$\varepsilon_{(ij)k}$	1	1	**1**	σ_ε^2

Observa-se que esses resultados, em relação aos referentes ao modelo fatorial, inteiramente ao acaso:

$$y_{ijk} = m + a_i + b_j + ab_{ij} + e_{ijk}$$

são:

1) exatamente iguais no modelo aleatório;
2) diferentes nos modelos fixo e misto no método prático original; no modificado são iguais também, pois aqui (no de blocos) os testes F para blocos e tratamentos são sempre feitos com a "interação", isto é, com o erro experimental, ou erro entre, conforme será visto nos quadros de análise da variância adiante.

Do ponto de vista de instalação do ensaio no campo, temos:

Blocos com K amostras

	T_2	T_5	...
Bloco 1	a_1 a_2 ... a_k		...

Fatorial inteiramente ao acaso

A_2B_3	A_1B_5	...
...	...	

Do ponto de vista da experimentação com animais, visando ao melhoramento, não se pode caracterizar perfeitamente uma das duas situações, ou um dos dois modelos, pois, se consideramos blocos como machos e tratamentos como fêmeas, podemos ter, conforme a espécie, um ou vários filhotes em cada acasalamento, ou ainda vários filhotes, mas de acasalamentos distintos de um mesmo casal.

Seria interessante observar que, nos modelos fixos, ab_{ij} do fatorial é fixo e e_{ij} em blocos é aleatório (é um erro).

Entretanto, como em melhoramento geralmente se considera modelo aleatório, a falta de caracterização não traz problemas, pois os componentes de variância são os mesmos em ambos os modelos (blocos ou fatorial).

Vamos confrontar a seguir, em dois quadros de análise de variância, os dois modelos em discussão.

Fatorial inteiramente ao acaso

Causas de variação	GL	QM	E(QM) Aleatório	E(QM) Fixo	E(QM) Misto (a_i fixo)
Fator A	$I-1$	V_1	$\sigma^2 + K\sigma^2_{ab} + JK\sigma^2_a$	$\sigma^2 + JK\Phi_a$	$\sigma^2 + K\sigma^2_{ab} + JK\Phi_a$
Fator B	$J-1$	V_2	$\sigma^2 + K\sigma^2_{ab} + IK\sigma^2_b$	$\sigma^2 + IK\Phi_b$	$\sigma^2 + K\sigma^2_{ab} + IK\sigma^2_b$
AxB	$(I-1)(J-1)$	V_3	$\sigma^2 + K\sigma^2_{ab}$	$\sigma^2 + K\Phi_{ab}$	$\sigma^2 + K\sigma^2_{ab}$
Resíduo	$IJ(K-1)$	V_4	σ^2	σ^2	σ^2
Total	$IJK-1$				

Blocos casualizados com *K* amostras por parcela

Causas de variação	GL	QM	E(QM) Aleatório	Fixo	Misto (t_i fixo)
Tratamentos	$I-1$	V_1	$\sigma_\varepsilon^2 + K\sigma_e^2 + JK\sigma_t^2$	$\sigma_\varepsilon^2 + K\sigma_e^2 + JK\Phi_t$	$\sigma_\varepsilon^2 + K\sigma_e^2 + JK\Phi_t$
Blocos	$J-1$	V_2	$\sigma_\varepsilon^2 + K\sigma_e^2 + IK\sigma_b^2$	$\sigma_\varepsilon^2 + K\sigma_e^2 + IK\Phi_b$	$\sigma_\varepsilon^2 + K\sigma_e^2 + IK\sigma_b^2$
Resíduo	$(I-1)(J-1)$	V_3	$\sigma_\varepsilon^2 + K\sigma_e^2$	$\sigma_\varepsilon^2 + K\sigma_e^2$	$\sigma_\varepsilon^2 + K\sigma_e^2$
Parcelas	$(IJ-1)$	–	–	–	–
Entre amostras d. parcelas	$IJ(K-1)$	V_4	σ_ε^2	σ_ε^2	σ_ε^2
Total	$IJK-1$				

Ao confrontar os dois quadros, confirmamos as conclusões obtidas anteriormente com relação ao teste *F* nos modelos fixo e misto.

Vejamos agora algumas considerações sobre os componentes de variância no modelo de blocos casualizados com *K* amostras por parcela, suposto aleatório.

Os estimadores dos componentes de variância são dados por:

1) $\hat{\sigma}_\varepsilon^2 = V_4 = QMErrodentro$

ao qual estão associados *IJ (K – 1) GL*

A estimativa da variância de $\hat{\sigma}_\varepsilon^2$ é dada por:

$$\hat{V}(\hat{\sigma}_\varepsilon^2) = \frac{2(\hat{\sigma}_\varepsilon^2)^2}{IJ(K-1)+2}$$

2) $\hat{\sigma}_e^2 = \dfrac{(V_3 - V_4)}{K}$, ao qual estão associados n_e *GL* dados por Satterthwaite.

$$n_e = \frac{(V_3 - V_4)^2}{\dfrac{V_3^2}{(I-1)(J-1)} + \dfrac{V_4^2}{IJ(K-1)}}$$

A estimativa de variância de $\hat{\sigma}_e^2$ é dada por:

$$\hat{V}(\hat{\sigma}_e^2) = \frac{2}{K^2}\left[\frac{V_3^2}{(I-1)(J-1)+2} + \frac{V_4^2}{IJ(K-1)+2}\right]$$

Obs.: Outra alternativa para se obter $\hat{V}(\hat{\sigma}_e^2)$ seria:

$$\hat{V}(\hat{\sigma}_e^2) = \frac{2(\hat{\sigma}_e^2)^2}{n_e + 2}$$

porém, menos recomendada que a anterior, pois, nesse caso, estamos usando uma aproximação de número de GL associado a $\hat{\sigma}_e^2$.

3) $\hat{\sigma}_b^2 = \frac{V_2 - V_3}{IK}$, com n_b GL a ela associados, dado por Satterthwaite, cuja estimativa da variância é dada por:

$$\hat{V}(\hat{\sigma}_b^2) = \frac{2}{I^2K^2}\left[\frac{V_2^2}{(J-1)+2} + \frac{V_3^2}{(I-1)(J-1)+2}\right]$$

4) Finalmente, $\hat{\sigma}_t^2 = \frac{V_1 - V_3}{JK}$, com n_t GL a ela associados, dado por Satterthwaite, e

$$\hat{V}(\hat{\sigma}_t^2) = \frac{2}{J^2K^2}\left[\frac{V_1^2}{(I-1)+2} + \frac{V_3^2}{(I-1)(J-1)+2}\right]$$

11

INTERPRETAÇÃO GENÉTICA DOS COMPONENTES DE VARIÂNCIA

Seja o modelo de blocos ao acaso, e consideremos blocos como machos (touros) e tratamentos como fêmeas (vacas). Então, o modelo equivalente é:

$$y_{ijk} = m + v_i + t_j + e_{ij} + \varepsilon_{ijk}$$

Nesse caso, o modelo é tomado como aleatório, logo devemos ter:

$$E(v_i^2) = \sigma_v^2 \text{ ; } E(t_j^2) = \sigma_t^2 \text{ ; } E(e_{ij}^2) = \sigma_e^2 \text{ e } E(\varepsilon_{ijk}^2) = \sigma_\varepsilon^2$$

Logo:

$$V(y_{ijk}) = \sigma_v^2 + \sigma_t^2 + \sigma_e^2 + \sigma_\varepsilon^2$$

Essa variância é também chamada variância fenotípica, ou seja:

$$V(y_{ijk}) = V_F$$

e, segundo Falconer (1960), também pode ser escrita como:

$$V_F = V_A + V_D + V_E$$

onde: V_A = variância aditiva
V_D = variância dominante
V_E = variância ambiental

ou ainda, segundo o autor:

$$V_F = V_A + V_D + V_E + V_C$$

onde: V_C = variância de ambiente comum
como é o caso do ambiente intrauterino.

Essa segunda expressão geralmente é usada quando se trabalha com pesos de animais ao nascer, quando ainda existe esse efeito intrauterino.

Com isso, temos:

1) Meios-irmãos paternos (mesmo pai, mães distintas), y_{ijk} e $y_{i'jk}$

$$Cov(y_{ijk}, y_{i'jk}) = E[y_{ijk} - E(y_{ijk})][y_{i'jk} - E(y_{i'jk})]$$

Mas $E(y_{ijk}) = m$ e $E(y_{i'jk}) = m$

$$Cov(y_{ijk}, y_{i'jk}) = E[(v_i + t_j + e_{ij} + \varepsilon_{ijk})(v_{i'} + t_j + e_{i'j} + \varepsilon_{i'jk})]$$
$$= E(t_j)^2 + 0 = \sigma_t^2$$

De acordo com Falconer:

$$Cov(y_{ijk}, y_{i'jk}) = Cov_{HS_P} = Cov_{MIP} = \frac{1}{4}V_A$$

Do confronto das duas expressões, temos que:

$$\therefore \sigma_t^2 = \frac{1}{4}V_A \quad \therefore V_A = 4\sigma_t^2$$

2) Meios-irmãos maternos (mesma mãe, pais diferentes), y_{ijk} e $y_{ij'k}$

Por analogia, $Cov(y_{ijk}, y_{ij'k}) = E(v_i^2) = \sigma_v^2$

Mas $Cov_{HS_M} = Cov_{MIM} = \frac{1}{4}V_A$

$$\therefore \sigma_v^2 = \frac{1}{4}V_A$$

CAPÍTULO 11

3) Irmãos completos ou germanos (mesmo pai e mesma mãe), y_{ijk} e $y_{ijk'}$

$$Cov(y_{ijk}, y_{ijk'}) = \sigma_t^2 + \sigma_v^2 + \sigma_e^2$$

De acordo com Falconer:

$$Cov_{FS} = Cov_{IG} = \frac{1}{2}V_A + \frac{1}{4}V_D \text{ ou}$$

$$Cov_{FS} = Cov_{IG} = \frac{1}{2}V_A + \frac{1}{4}V_D + V_C$$

$$\sigma_t^2 + \sigma_v^2 + \sigma_e^2 = \frac{1}{2}V_A + \frac{1}{4}V_D \text{ para a primeira expressão}$$

$$\therefore \sigma_e^2 = \frac{1}{2}V_A + \frac{1}{4}V_D - \sigma_t^2 - \sigma_v^2 = \frac{1}{2}V_A + \frac{1}{4}V_D - \frac{1}{4}V_A - \frac{1}{4}V_A$$

$$\therefore \sigma_e^2 = \frac{1}{4}V_D \text{ equivale a } \sigma_{ab}^2 = \frac{1}{4}V_D \text{ no modelo fatorial}$$

Falta conhecermos a composição do componente σ_ε^2.
Mas,

$$V(y_{ijk}) = V_F$$

$$\sigma_t^2 + \sigma_v^2 + \sigma_e^2 + \sigma_\varepsilon^2 = V_A + V_D + V_E$$

$$\sigma_\varepsilon^2 = V_A + V_D + V_E - \frac{1}{4}V_A - \frac{1}{4}V_A - \frac{1}{4}V_D = \frac{1}{2}V_A + \frac{3}{4}V_D + V_E$$

$$\sigma_\varepsilon^2 = \frac{1}{2}V_A + \frac{3}{4}V_D + V_E$$

12

COEFICIENTE DE HERDABILIDADE OU HERDABILIDADE

O coeficiente de herdabilidade é definido por:

$$h^2 = \frac{V_G}{V_F} \text{ no sentido amplo}$$

onde: V_G = variância genética

V_F = variância fenotípica

$\therefore V_F = V_G + V_P$, onde V_P é a variância ambiental

Obs.: $V_F = V(y_{ijk})$

ou $h^2 = \frac{V_A}{V_F}$ no sentido restrito

onde V_A = variância aditiva.

De acordo com o modelo matemático e a interpretação genética dos componentes de variância, podemos estabelecer as expressões para h^2. Para os nossos modelos do capítulo 9, temos:

Blocos casualizados com K amostras por parcela

$$y_{ijk} = m + v_i + t_j + e_{ij} + \varepsilon_{ijk}$$

$$h_1^2 = \frac{4\hat{\sigma}_t^2}{\hat{\sigma}_t^2 + \hat{\sigma}_v^2 + \hat{\sigma}_e^2 + \hat{\sigma}_\varepsilon^2} \text{ para meios-irmãos paternos}$$

$$h_2^2 = \frac{4\hat{\sigma}_v^2}{\hat{\sigma}_t^2 + \hat{\sigma}_v^2 + \hat{\sigma}_e^2 + \hat{\sigma}_\varepsilon^2}$$ para meios-irmãos maternos

$$h_3^2 = \frac{2(\hat{\sigma}_t^2 + \hat{\sigma}_v^2)}{\hat{\sigma}_t^2 + \hat{\sigma}_v^2 + \hat{\sigma}_e^2 + \hat{\sigma}_\varepsilon^2}$$ para irmãos germanos

Por outro lado, para o modelo fatorial:

$$y_{ijk} = m + v_i + t_j + vt_{ij} + e_{ijk}$$

devemos, nas expressões de h^2, substituir σ_e^2 por σ_{vt}^2, e as expressões continuam as mesmas, conforme interpretação genética dos componentes de variância.

Qual será a $\hat{V}(\hat{h}^2)$?

De acordo com Falconer (1960), para h_1^2:

ou $\hat{V}(h_1^2) = \dfrac{16h_1^2}{N}$ quando inclui a interação, onde N = nº total de observações

ou $\hat{V}(h_1^2) = \dfrac{32h_1^2}{N}$ quando não inclui a interação ou expressões mais complexas, de acordo com Barbin & Pimentel-Gomes (1971)

Exemplo:

Os pesos ao nascer de 84 bezerros da raça charolesa, após ajustados para sexo, idade da vaca e período do ano de nascimento, deram origem ao resultado a seguir para a análise de variância. Cada casal tem dois bezerros e, portanto, admitiu-se o seguinte modelo, suposto aleatório:

$$y_{ijk} = m + t_i + v_j + tv_{ij} + e_{ijk}$$

Causas de variação	GL	QM	E(QM)
Touros (T)	5	50,2030	$\sigma^2 + 2\sigma_{tv}^2 + 14\sigma_t^2$
Vacas (V)	6	32,1000	$\sigma^2 + 2\sigma_{tv}^2 + 12\sigma_v^2$
Int. TxV	30	23,1300	$\sigma^2 + 2\sigma_{tv}^2$
Resíduo	42	21,5602	σ^2
Total	83		

Pede-se:

a) Estimar os componentes de variância.

b) Obter $\hat{V}(\hat{\sigma}_t^2)$ e $\hat{V}(\hat{\sigma}_v^2)$.

c) Os IC para $\sigma_t^2 + \sigma_v^2$, com um coeficiente de confiança de 95% de probabilidade.

d) Estimar h_1^2 e sua variância.

Respostas

a) $\hat{\sigma}^2 = 21{,}5602$

$$\hat{\sigma}_{tv}^2 = \frac{23{,}1300 - 21{,}5602}{2} = 0{,}7849$$

$$\hat{\sigma}_v^2 = \frac{32{,}1000 - 23{,}1300}{12} = 0{,}7475$$

$$\hat{\sigma}_t^2 = \frac{50{,}2030 - 23{,}1300}{14} = 1{,}9338$$

b) $$\hat{V}(\hat{\sigma}_t^2) = \frac{2}{14^2}\left[\frac{50{,}2030^2}{5+2} + \frac{23{,}1300^2}{30+2}\right] = 3{,}8446$$

$$\hat{V}(\hat{\sigma}_v^2) = \frac{2}{12^2}\left[\frac{32{,}1000^2}{6+2} + \frac{23{,}1300^2}{30+2}\right] = 2{,}0211$$

c) $IC(\sigma_t^2)$:

$$n_t = \frac{(50{,}2030 - 23{,}1300)^2}{\frac{(50{,}2030)^2}{5} + \frac{(23{,}1300)^2}{30}} = 1{,}4 \cong 2\ GL$$

$$\frac{n_t\hat{\sigma}_t^2}{\chi^2_{0,975}} \leq \sigma_t^2 \leq \frac{n_t\hat{\sigma}_t^2}{\chi^2_{0,025}}$$

$$\frac{2 \cdot 1{,}9338}{7{,}38} \leq \sigma_t^2 \leq \frac{2 \cdot 1{,}9338}{0{,}0506}$$

$$0{,}5241 \leq \sigma_t^2 \leq 76{,}4348$$

$$IC(\sigma_v^2)$$

$$n_v = \frac{(32{,}1000 - 23{,}1300)^2}{\frac{(32{,}1000)^2}{6} + \frac{(23{,}1300)^2}{30}} = 0{,}4244 \cong 1\, GL$$

$$\frac{n_v \hat{\sigma}_v^2}{\chi^2_{0,975}} \leq \sigma_v^2 \leq \frac{n_v \hat{\sigma}_v^2}{\chi^2_{0,025}}$$

onde: $\chi^2_{0,975} = 5{,}02$ e $\chi^2_{0,025} = 0{,}001$

$$0{,}1489 \leq \sigma_v^2 \leq 747{,}50$$

d) $$h_1^2 = \frac{4\,\hat{\sigma}_t^2}{\hat{\sigma}_t^2 + \hat{\sigma}_v^2 + \hat{\sigma}_{tv}^2 + \hat{\sigma}^2} = \frac{4 \text{ x } 1{,}9328}{1{,}9338 + 0{,}7475 + 0{,}7849 + 21{,}5602}$$

$\therefore h_1^2 \cong 0{,}3091$ ou $h_1^2 \cong 31\%$

$V(h_1^2) = \dfrac{16 \text{ x } 0{,}3091}{84} \cong 0{,}05887$, pois inclui a interação

$\therefore s(h_1^2) = 0{,}2426$

13

ESTIMATIVAS NEGATIVAS DE COMPONENTES DE VARIÂNCIA

Segundo Searle (1971, p. 406-8, quando deparamos com estimativas negativas de componentes de variância, devemos considerar as alternativas seguintes:

1) Consideramos a estimativa como tal, isto é, consideramos a estimativa negativa, admitindo que o parâmetro seja nulo.

   Isso, porém, traz um problema: às vezes, obtemos uma soma de estimativas de componentes de variância menor que um dos elementos dessa soma.

   Exemplo:

   Se $\hat{\sigma}_1^2 = 30{,}00$

   $\hat{\sigma}_2^2 = -5{,}00$

   $\hat{\sigma}_3^2 = 2{,}00$

   então: $\hat{\sigma}_1^2 + \hat{\sigma}_2^2 + \hat{\sigma}_3^2 = 27{,}00$, que é menor que $\hat{\sigma}_1^2$.

2) Admitimos que o valor do parâmetro é 0 e então consideramos a estimativa negativa como nula.

Antes, porém, de considerar como nula uma estimativa de componente de variância, devemos aplicar o teste F bilateral para testar a hipótese $H_0 : \sigma^2 = 0$.

3) Consideramos o valor do parâmetro como zero e com isso eliminamos esse componente de variância, reestruturando a análise da variância, obtendo novas estimativas para os componentes que permaneceram no modelo.

   Obs.: Fazemos uma ponderação dos *QM* restantes.

4) A presença de estimativas de componentes de variância negativas pode indicar o uso de modelo matemático errado. Segundo Searle e Fawcett (1970, **Biometrics**, 26:243-54), podem-se usar modelos finitos, ao invés de infinitos, para contornar a situação.

   Ou, de acordo com Nelder (1954 **Biometrika**, 41:544-48), podem estar ocorrendo correlações intraclasses menores que as interclasses. Nesses casos, mudamos o modelo, fazendo aparecer essas correlações.

5) A obtenção de estimativas negativas pode ser devida ao método utilizado, como o dos momentos ou da análise de variância. Os autores recomendam, nesses casos, usar outro método, por exemplo, o da máxima verossimilhança, o Bayes etc.

6) O problema de estimativas negativas de componentes de variância pode estar ligado ao tamanho da amostra. Neste caso, se houver possibilidade, o pesquisador deverá colher mais dados e refazer os cálculos.

14

COMPONENTES DE VARIÂNCIA NO MODELO DE GRUPOS DE EXPERIMENTOS

Consideremos o modelo matemático:

$$y_{ijk} = m + t_i + l_j + tl_{ij} + e_{ijk}$$

correspondente a grupos de experimentos cujos ensaios individuais (em cada local) podem ser no delineamento inteiramente ao acaso ou em blocos casualizados.

Pode-se aceitar esse modelo para os blocos casualizados, pois a *SQResíduo*, na análise conjunta, é obtida, geralmente, pela *SQRes* das análises individuais, respeitada, é lógico, a condição de homocedasticidade.

Logo, como o efeito de blocos dentro de locais não apresenta importância prática, ele pode ser desprezado do modelo e, portanto, não aparecer na análise de variância.

Porém, se em alguns tipos de experimentos esse efeito é importante, pode-se admitir o modelo completo:

$$y_{ijk} = m + t_i + l_j + tl_{ij} + e_{ijk} + b_{j/k}$$

Os estimadores dos componentes de variância σ_t^2 e σ_{tl}^2 continuam tendo as mesmas expressões já vistas no modelo simplificado.

Como do ponto de vista prático o interesse do pesquisador, ao reunir vários ensaios numa análise única, é obter conclusões válidas para toda uma região, admite-se sempre que o efeito de locais é aleatório.

Vejamos, então, como ficam os componentes de variância para esse modelo.

14.1. Modelo aleatório

$$y_{ijk} = m + t_i + l_j + tl_{ij} + e_{ijk}$$

onde: m é a média geral fixa $\therefore\ E(m) = m$ e $E(m^2) = m^2$

t_i (i = 1, 2, ..., I) é o efeito de tratamentos suposto aleatório $NID(0,\sigma_t^2)\ \therefore\ E(t_i) = 0$ e $E(t_i^2) = \sigma_t^2$

l_j (j = 1, 2, ..., J) é o efeito de locais suposto aleatório de média 0 e variância $\sigma_l^2\ \therefore\ E(l_j) = 0$ e $E(l_j^2) = \sigma_l^2$

$(tl)_{ij}$ é o efeito da interação tratamentos x locais, aleatório, $NID(0,\sigma_{tl}^2)$ $\therefore\ E(tl_{ij}) = 0$ e $E(tl_{ij}^2) = \sigma_{tl}^2$

e_{ijk} (k = 1, 2, ..., K) é o erro experimental $NID(0,\sigma^2)\ \therefore\ E(e_{ijk}) = 0$ e $E(e_{ijk}^2) = \sigma^2$

Pelo método prático modificado, temos:

		I	J	K	$E(QM)$
		i	j	k	
a	t_i	**1**	J	K	$\sigma^2 + K\sigma_{tl}^2 + JK\sigma_t^2$
a	l_j	I	**1**	K	$\sigma^2 + K\sigma_{tl}^2 + IK\sigma_l^2$
a	tl_{ij}	**1**	**1**	K	$\sigma^2 + K\sigma_{tl}^2$
a	$e_{(ij)k}$	1	1	**1**	σ^2

Os esquemas da análise de variância com os componentes de variância ficam como se segue.

14.1.1. Caso de ensaios inteiramente ao acaso

Causas de variação	GL	QM	E(QM)
Tratamentos	$I-1$	V_1	$\sigma^2 + K\sigma_{tl}^2 + JK\sigma_t^2$
Locais	$J-1$	V_2	$\sigma^2 + K\sigma_{tl}^2 + IK\sigma_l^2$
Interação TxL	$(I-1)(J-1)$	V_3	$\sigma^2 + K\sigma_{tl}^2$
Resíduo	$IJ(K-1)$	V_4	σ^2
Total	$IJK-1$		

14.1.2. Caso de ensaios em blocos casualizados

Causas de variação	GL	QM	E(QM)
Tratamentos	$I-1$	V_1	$\sigma^2 + K\sigma_{tl}^2 + JK\sigma_t^2$
Locais	$J-1$	V_2	$\sigma^2 + K\sigma_{tl}^2 + IK\sigma_l^2$
Interação TxL	$(I-1)(J-1)$	V_3	$\sigma^2 + K\sigma_{tl}^2$
Resíduo	$J(I-1)(K-1)$	V_4	σ^2

K blocos/local $= J(I-1)(K-1)$ desde que haja homogeneidade de variâncias para os locais.

Os estimadores dos componentes de variância têm as seguintes expressões, quer para o caso 14.1.1., quer para 14.1.2.

$\hat{\sigma}^2 = V_4 = QMRes$ com $IJ(K-1)$ GL a ele associado no caso 14.1.1., e $J(I-1)(K-1)$ GL no caso 14.1.2.

$$\hat{\sigma}_{tl}^2 = \frac{V_3 - V_4}{K} \quad \text{com } n_{tl} \text{ GL obtido por Satterthwaite}$$

$$\hat{\sigma}_l^2 = \frac{V_2 - V_3}{IK} \quad \text{com } n_l \text{ GL obtido por Satterthwaite}$$

$$\hat{\sigma}_t^2 = \frac{V_1 - V_3}{JK} \quad \text{com } n_t \text{ GL obtido por Satterthwaite}$$

14.2. Modelo misto (t_i fixo)

As condições são as mesmas do modelo aleatório, exceção feita a t_i que sendo considerado de efeito fixo, tem-se:

$$E(t_i) = t_i \ , \ E(t_i^2) = t_i^2 \ \text{ e } \ \sum_i t_i = 0$$

Obtemos, pois, pelo método prático modificado, o seguinte resultado:

		I	J	K	$E(QM)$
		i	j	k	
f	t_i	**1**	J	K	$\sigma^2 + K\sigma_{tl}^2 + JK\Phi_t$
a	l_j	I	**1**	K	$\sigma^2 + K\sigma_{tl}^2 + IK\sigma_l^2$
a	tl_{ij}	**1**	**1**	K	$\sigma^2 + K\sigma_{tl}^2$
a	$e_{(ij)k}$	1	1	**1**	σ^2

onde: $\Phi_t = \frac{\sum_i t_i^2}{I-1}$

14.3. Modelo fixo

t_i fixo $\therefore E(t_i) = t_i$ e $E(t_i^2) = t_i^2$

l_j fixo $\therefore E(l_j) = l_j$ e $E(l_j^2) = l_j^2$

tl_{ij} aleatório* por definição $\therefore E(tl_{ij}) = 0$ e $E(tl_{ij}^2) = \sigma_{tl}^2$

		I	J	K	$E(QM)$
		i	j	k	
f	t_i	**0**	J	K	$\sigma^2 + K\sigma_{tl}^2 + JK\Phi_t$
f	l_j	I	**0**	K	$\sigma^2 + K\sigma_{tl}^2 + IK\Phi_l$
a	tl_{ij}	**1**	**1**	K	$\sigma^2 + K\sigma_{tl}^2$
a	$e_{(ij)k}$	1	1	**1**	σ^2

onde: $\Phi_t = \frac{\sum_i t_i^2}{I-1}$ e $\Phi_l = \frac{\sum l_l^2}{J-1}$

* KEMPTHORNE. Fixed and mixed models in the analysis of variance. **Biometrics**, 31:473-86, 1975.

15

COMPONENTES DE VARIÂNCIA NO MODELO DE PARCELAS SUBDIVIDIDAS (SPLIT-PLOT)

15.1. Modelo misto

Consideremos o modelo matemático:

$$y_{ijk} = m + t_i + b_j + (tb)_{ij} + t'_k + tt'_{ik} + e_{ijk}$$

referente a ensaios em parcelas subdivididas no delineamento de blocos casualizados, onde:

m é a média geral

t_i com $i = 1, 2, \ldots, I$, é o efeito de tratamentos nas parcelas

b_j com $j = 1, 2, \ldots, J$, é o efeito de blocos

tb_{ij} é o efeito da "interação" tratamentos x blocos, que neste caso, à semelhança do que se viu nos ensaios em blocos, representa o erro experimental em nível de parcelas.

t'_k com $k = 1, 2, \ldots, K$, é o efeito de tratamentos nas subparcelas

tt'_{ik} é o efeito da interação tratamentos das parcelas x tratamentos das subparcelas

e_{ijk} é o erro experimental em nível de subparcelas

Observe-se que esse erro é constituído das "interações" bt'_{jk} e tbt'_{ijk}, supondo-se que elas estejam medindo apenas o erro.

Consideremos, nesse caso, apenas o modelo misto, com t_i, t'_k e, consequentemente, tt'_{ik} como fixos. Logo:

m é fixo $\therefore E(m) = m$ e $E(m^2) = m^2$

t_i é fixo $\therefore E(t_i) = t_i$, $E(t_i^2) = t_i^2$ e $\sum_i t_i = 0$

b_j é aleatótio, com média 0 e variância $\sigma_b^2 \therefore E(b_j) = 0$ e $E(b_j^2) = \sigma_b^2$

tb_{ij} é aleatório, $NID(0, \sigma_{tb}^2) \therefore E(tb_{ij}) = 0$ e $E(tb_{ij}^2) = \sigma_{tb}^2$

t'_k é fixo $\therefore E(t'_k) = t'_k$, $E(t_k'^2) = t_k'^2$ e $\sum_k t'_k = 0$

tt'_{ik} é fixo $\therefore E(tt'_{ik}) = tt'_{ik}$, $E(tt_{ik}'^2) = tt_{ik}'^2$ e $\sum_i tt'_{ik} = \sum_k tt'_{ik} = \sum_{ik} tt'_{ik} = 0$

e_{ijk} é aleatório, $NID(0, \sigma^2) \therefore E(e_{ijk}) = 0$ e $E(e_{ijk}^2) = \sigma^2$

Obtemos, pois, pelo método prático modificado, o seguinte resultado para as $E(QM)$.

		I	J	K	$E(QM)$
		i	j	k	
f	t_i	**0**	J	K	$\sigma^2 + K\sigma_{tb}^2 + JK\Phi_t$
a	b_j	I	**1**	K	$\sigma^2 + K\sigma_{tb}^2 + IK\sigma_b^2$
a	tb_{ij}	**1**	**1**	K	$\sigma^2 + K\sigma_{tb}^2$
f	t'_k	I	J	**0**	$\sigma^2 + IJ\Phi_{t'}$
f	tt'_{ik}	**0**	J	**0**	$\sigma^2 + J\Phi_{tt'}$
a	$e_{(ij)k}$	1	1	**1**	σ^2

O quadro da análise de variância com as $E(QM)$ e as expressões para o F fica:

Causas de variação	GL	QM	E(QM)	F
Tratamentos (T)	$I-1$	V_1	$\sigma^2 + K\sigma^2_{tb} + JK\Phi_t$	V_1/V_3
Blocos	$J-1$	V_2	$\sigma^2 + K\sigma^2_{tb} + IK\sigma^2_b$	V_2/V_3
Resíduo (a)	$(I-1)(J-1)$	V_3	$\sigma^2 + K\sigma^2_{tb}$	–
Tratamentos (T')	$(K-1)$	V_4	$\sigma^2 + IJ\Phi_{t'}$	V_4/V_6
Interação TxT'	$(I-1)(K-1)$	V_5	$\sigma^2 + J\Phi_{tt'}$	V_5/V_6
Resíduo (b)	$I(J-1)(K-1)$	V_6	σ^2	–
Total	$IJK-1$			

onde: $\Phi_t = \dfrac{\sum_i t_i^2}{I-1}$, $\Phi_{t'} = \dfrac{\sum_k t_k'^2}{K-1}$, $\Phi_{tt'} = \dfrac{\sum_{ik} (tt'_{ik})^2}{(I-1)(K-1)}$

Obs.: Para $BxT' \Rightarrow (J-1)(K-1)$ e para $TxBxT' \Rightarrow (I-1)(J-1)(K-1)$

$$\begin{aligned}(J-1)(K-1) + (I-1)(J-1)(K-1) &= (J-1)(K-1)(1+I-1)\\ &= I(J-1)(K-1)\end{aligned}$$

15.2. Variância de contrastes entre duas médias de tratamentos

$$y_{ijk} = m + t_i + b_j + tb_{ij} + t'_k + tt'_{ik} + e_{ijk}$$

1º caso: Contrastes envolvendo duas médias de tratamentos t_i

$$Y_1 = \bar{y}_{i..} - \bar{y}_{i'..}$$

$$\bar{y}_{i..} = \frac{1}{JK}(JKm + JKt_i + K\sum_j b_j + K\sum_j tb_{ij} + J\sum_k t'_k + J\sum_k tt'_{ik} + \sum_{jk} e_{ijk})$$

Mas, por hipótese, t_i, t'_k e tt'_{ik} são fixos e $\sum_i t_i = 0$, $\sum_k t'_k = 0$, $\sum_i tt'_{ik} = 0$, $\sum_k tt'_{ik} = 0$ e $\sum_{i,k} tt'_{ik} = 0$

$$\overline{y}_{i..} = m + t_i + \frac{1}{J}\sum_j b_j + \frac{1}{J}\sum_j tb_{ij} + \frac{1}{JK}\sum_{jk} e_{ijk}$$

Portanto, por analogia:

$$\overline{y}_{i'..} = m + t_{i'} + \frac{1}{J}\sum_j b_j + \frac{1}{J}\sum_j tb_{i'j} + \frac{1}{JK}\sum_{jk} e_{i'jk}$$

$$\therefore \overline{y}_{i..} - \overline{y}_{i'..} = t_i - t_{i'} + \frac{1}{J}(\sum_j tb_{ij} - \sum_j tb_{i'j}) + \frac{1}{JK}(\sum_{jk} e_{ijk} - \sum_{jk} e_{i'jk})$$

$$\therefore E(Y_1) = E[\overline{y}_{i..} - \overline{y}_{i'..}] = t_i - t_{i'}$$

$$\therefore V(Y_1) = E[(\overline{y}_{i..} - \overline{y}_{i'..}) - E(\overline{y}_{i..} - \overline{y}_{i'..})]^2$$

$$\begin{aligned} \therefore V(Y_1) &= E[\frac{1}{J}(\sum_j tb_{ij} - \sum_j tb_{i'j}) + \frac{1}{JK}(\sum_{jk} e_{ijk} - \sum_{jk} e_{i'jk})]^2 \\ &= \frac{1}{J^2}(J\sigma_{tb}^2 + J\sigma_{tb}^2) + \frac{1}{J^2K^2}[JK\sigma^2 + JK\sigma^2] \\ &= \frac{2}{JK}[\sigma^2 + K\sigma_{tb}^2] \end{aligned}$$

$\therefore$ Como $E[QMTxB] = E[QMResíduo\,(a)] = \sigma^2 + K\sigma_{tb}^2$ temos que:

$$QMResíduo\,(a) = \hat{\sigma}^2 + K\hat{\sigma}_{tb}^2$$

Logo: $\hat{V}(\hat{Y}_1) = \frac{2}{JK} QMResíduo\,(a)$

2º caso: Constraste entre duas médias de tratamentos t'_k

$$Y_2 = \overline{y}_{..k} - \overline{y}_{..k'}$$

$$\overline{y}_{..k} = \frac{1}{IJ}[IJm + J\sum_i t_i + I\sum_j b_j + \sum_{ij} tb_{ij} + IJt'_k + J\sum_i tt'_{ik} + \sum_{ij} e_{ijk}]$$

$$\therefore \bar{y}_{..k} = m + \frac{1}{J}\sum_j b_j + \frac{1}{IJ}\sum_{ij} tb_{ij} + t'_k + \frac{1}{IJ}\sum_{ij} e_{ijk}$$

$$\therefore \bar{y}_{..k'} = m + \frac{1}{J}\sum_j b_j + \frac{1}{IJ}\sum_{ij} tb_{ij} + t'_{k'} + \frac{1}{IJ}\sum_{ij} e_{ijk'}$$

$$\bar{y}_{..k} - \bar{y}_{..k'} = t'_k - t'_{k'} + \frac{1}{IJ}(\sum_{ij} e_{ijk} - \sum_{ij} e_{ijk'})$$

$$E(\bar{y}_{..k} - \bar{y}_{..k'}) = t'_k - t'_{k'}$$

$$\therefore V(Y_2) = E[\bar{y}_{..k} - \bar{y}_{..k'} - E[\bar{y}_{..k} - \bar{y}_{..k'}]]^2$$

$$= E[\frac{1}{IJ}(\sum_{ij} e_{ijk} - \sum_{ij} e_{ijk'})]^2$$

$$= \frac{1}{I^2J^2}(IJ\sigma^2 + IJ\sigma^2)$$

$$\therefore V(Y_2) = \frac{2}{IJ}\sigma^2$$

Como $E[QMResíduo\,(b)] = \sigma^2 \Rightarrow \sigma^2 = QMResíduo\,(b)$

$$\therefore \hat{V}(\hat{Y}_2) = \frac{2}{IJ} QMResíduo\,(b)$$

3º caso: Contraste entre duas médias de tratamentos t'_k dentro de um mesmo nível de tratamento t_i

$$Y_3 = \bar{y}_{i.k} - \bar{y}_{i.k'}$$

Mas

$$\bar{y}_{i.k} = \frac{1}{J}[Jm + Jt_i + \sum_j b_j + \sum_j tb_{ij} + Jt'_k + Jtt'_{ik} + \sum_j e_{ijk}]$$

$$\therefore\ \bar{y}_{i.k} = m + t_i + \frac{1}{J}\sum_j b_j + \frac{1}{J}\sum_j tb_{ij} + t'_k + tt'_{ik} + \frac{1}{J}\sum_j e_{ijk}$$

$$\therefore\ \bar{y}_{i.k'} = m + t_i + \frac{1}{J}\sum_j b_j + \frac{1}{J}\sum_j tb_{ij} + t'_{k'} + tt'_{ik'} + \frac{1}{J}\sum_j e_{ijk'}$$

$$\bar{y}_{i.k} - \bar{y}_{i.k'} = t'_k - t'_{k'} + tt'_{ik} - tt'_{ik'} + \frac{1}{J}(\sum_j e_{ijk} - \sum_j e_{ijk'})$$

$$E(\bar{y}_{i.k} - \bar{y}_{i.k'}) = t'_k - t'_{k'} + tt'_{ik} - tt'_{ik'}$$

$$\therefore\ V(Y_3) = E[\frac{1}{J}(\sum_j e_{ijk} - \sum_j e_{ijk'})]^2$$

$$= \frac{1}{J^2}[J\sigma^2 + J\sigma^2] = \frac{2}{J}\sigma^2$$

$$\therefore\ \hat{V}(\hat{Y}_3) = \frac{2}{J} QMResíduo\,(b)$$

4º caso: Contraste entre duas médias de tratamentos t_i dentro de um mesmo nível de tratamento t'_k

$$Y_4 = \bar{y}_{i.k} - \bar{y}_{i'.k}$$

Mas

$$\bar{y}_{i.k} = m + t_i + \frac{1}{J}\sum_j b_j + \frac{1}{J}\sum_j tb_{ij} + t'_k + tt'_{ik} + \frac{1}{J}\sum_j e_{ijk}$$

$$\therefore\ \bar{y}_{i'.k} = m + t_{i'} + \frac{1}{J}\sum_j b_j + \frac{1}{J}\sum_j tb_{i'j} + t'_k + tt'_{i'k} + \frac{1}{J}\sum_j e_{i'jk}$$

$$\bar{y}_{i.k} - \bar{y}_{i'.k} = t_i - t_{i'} + \frac{1}{J}[\sum_j tb_{ij} - \sum_j tb_{i'j}] + tt'_{ik} + tt'_{i'k} + \frac{1}{J}[\sum_j e_{ijk} - \sum_j e_{i'jk}]$$

$$E(\bar{y}_{i.k} - \bar{y}_{i'.k}) = (t_i - t_{i'}) + (tt'_{ik} - tt'_{i'k})$$

$$\therefore V[\bar{y}_{i.k} - \bar{y}_{i'.k}] = E[\frac{1}{J}(\sum_i tb_{ij} - \sum_j tb_{i'j}) + \frac{1}{J}[\sum_j e_{ijk} - \sum_j e_{i'jk}]]^2$$

$$= \frac{1}{J^2}[2J\sigma^2_{tb} + 2J\sigma^2) = \frac{2}{J}(\sigma^2_{tb} + \sigma^2)$$

Como

$$\hat{\sigma}^2_{tb} = \frac{QMResíduo\,(a)\; - \;QMResíduo\,(b)}{K}$$

$$\hat{\sigma}^2 = QMResíduo\,(b)$$

$$\therefore \hat{V}(\hat{Y}_4) = \frac{2}{J}(\hat{\sigma}^2_{tb} + \hat{\sigma}^2) = \frac{2}{J}[\frac{QMResíduo\,(a) - QMResíduo\,(b) + KQMResíduo\,(b)}{K}]$$

$\hat{V}(\hat{Y}_4) = \dfrac{2}{JK}\;[QMResíduo\,(a) + (K-1)\;QMResíduo\,(b)]$ com n GL dados por Satterthwaite.

16

COMPONENTES DE VARIÂNCIA NOS MODELOS DE CLASSIFICAÇÃO HIERÁRQUICA

16.1. Introdução

Consideremos os esquemas de acasalamentos a seguir.

1.

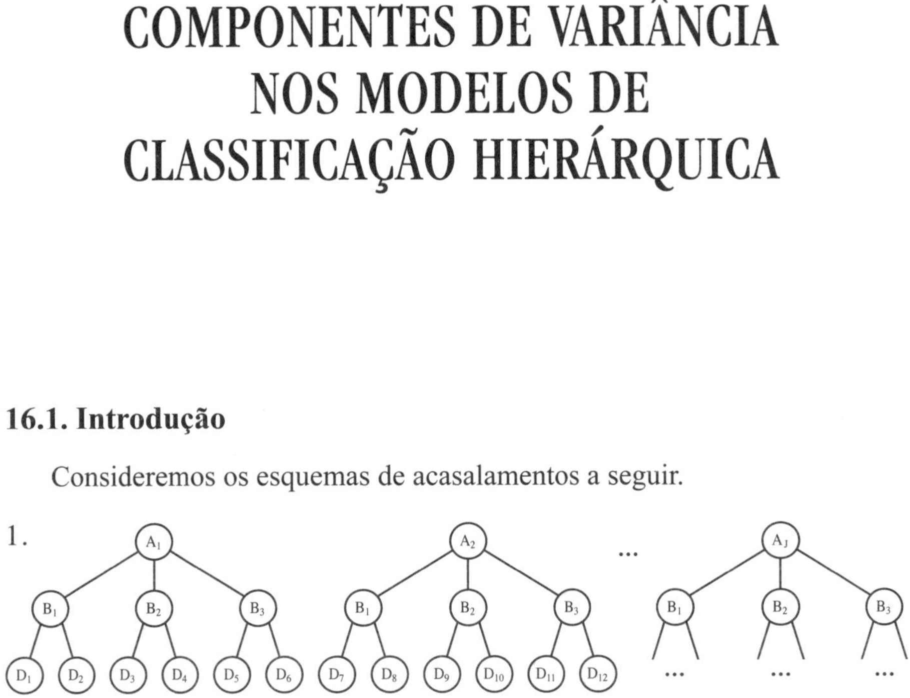

2.

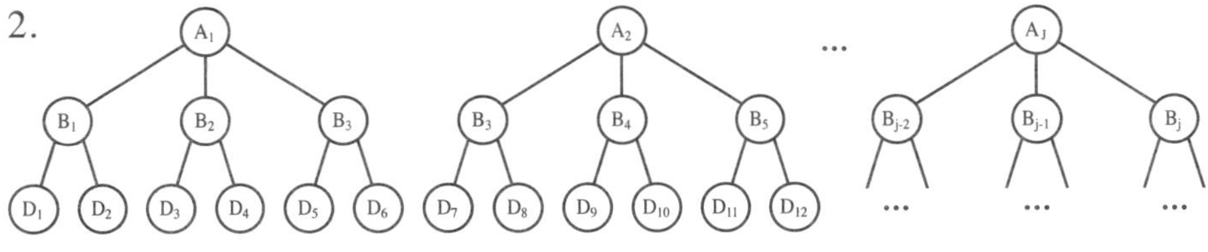

No esquema 1, as fêmeas (B_j) que ocorrem com determinado macho (A_i) são exatamente as mesmas que ocorrem com os demais. Nesse caso, temos caracterizado o ensaio **classificação cruzada** (ou ensaio em blocos casualizados, se considerarmos machos como blocos).

O modelo matemático é:

$$y_{ijk} = m + t_i + v_j + e_{ijk}$$

ou

$$y_{ijk} = m + a_i + b_j + e_{ijk}$$

Obs.: Podemos incluir a interação.

O esquema da análise da variância é:

Causas de variação	GL	
Machos	$I-1$	
Fêmeas	$J-1$	
Resíduo	$(I-1)(J-1)$	
Total	$IJ-1$	

No esquema 2, verificamos que as fêmeas que ocorrem com determinado macho são todas diferentes das que ocorrem com qualquer outro macho. Caracteriza-se assim o ensaio em classificação hierárquica . As variações são estudadas dentro de. O modelo matemático para esse caso é:

$$y_{ijk} = m + t_i + v_{ij} + e_{ijk} \quad \text{ou} \quad y_{ijk} = m + t_i + v_{(i)j} + e_{(ij)k}$$

onde: $(i)j$ indica "entre j dentro de i".

O esquema da análise de variância fica:

Causas de variação	GL	
Entre machos	$I-1$	
Entre fêmeas d. machos	$I(J-1)$	
Entre filhos d. fêmeas d. machos	$IJ(K-1)$	
Total	$IJK-1$	

Outros tipos de ensaios em classificação hierárquica são:

- Regiões, entre municípios d. regiões, entre fazendas d. municípios d. regiões, entre variedade de cana d. fazendas d. municípios d. regiões (se as variedades de uma propriedade forem diferentes daquelas de outra).

- Entre blocos, entre touceiras de cana d. blocos, entre colmos de cana d. touceiras d. blocos.
- Entre raças de bovinos de corte, entre animais d. raças, entre amostras de rúmen d. animais d. raças.

Obs: d. significa "dentro de".

16.2. Componentes de variância

Abordaremos apenas o modelo aleatório ou do tipo II, pois esse tipo de ensaio é mais usado na área de melhoramento.

Embora o mais comum, na prática, sejam os modelos não balanceados, consideraremos apenas o balanceado.

O modelo matemático é:

$$y_{ijk} = m + t_i + v_{ij} + e_{ijk}$$

onde: m é a média geral, fixa, logo $E(m) = m$ e $E(m^2) = m^2$

t_i com $i = 1, 2, \ldots, I$, é o efeito de machos (ex.: touros), considerado aleatório, $NID(0,\sigma_t^2)$, isto é, $E(ti) = 0$ e $E(t_i^2) = \sigma_t^2$

v_{ij} com $j = 1, 2, \ldots, J$, é o efeito da fêmea (vaca) j dentro do macho i, suposto aleatório, $NID(0,\sigma_v^2)$ $\therefore$ $E(v_{ij}) = 0$ e $E(v_{ij}^2) = \sigma_v^2$

e_{ijk} com k = 1, 2, …, K, é o efeito do descendente k dentro da fêmea j, dentro do macho i, ou erro experimental, aleatório $NID(0,\sigma^2)$, ou seja, $E(e_{ijk}) = 0$ e $E(e_{ijk}^2) = \sigma^2$

Obtemos, pois, pelo método prático modificado, o seguinte resultado para as $E(QM)$.

		I i	J j	K k	$E(QM)$
a	t_i	**1**	J	K	$\sigma^2 + K\sigma_v^2 + JK\sigma_t^2$
a	$v_{(i)j}$	1	**1**	K	$\sigma^2 + K\sigma_v^2$
a	$e_{(ij)k}$	1	1	**1**	σ^2

Obs: Para o modelo fixo, temos:

		I i	J j	K k	$E(QM)$
f	t_i	**0**	J	K	$\sigma^2 + JK\Phi_t$
f	$v_{(i)j}$	1	**0**	K	$\sigma^2 + K\Phi_v$
a	$e_{(ij)k}$	1	1	**1**	σ^2

Vejamos, agora, a dedução das $E(QM)$ para esse mesmo modelo.

Consideremos o seguinte quadro de valores:

Vacas	T_1	Totais	Vacas	T_2	Totais	...
V_{11}	$y_{111} \ldots y_{11K}$	$y_{11.}$	V_{21}	$y_{211} \ldots y_{21K}$	$y_{21.}$	
V_{12}	$y_{121} \ldots y_{12K}$	$y_{12.}$	V_{22}	$y_{221} \ldots y_{22K}$	$y_{22.}$	
...	... ...	...	...	... ...	...	
V_{1J}	$y_{1J1} \ldots y_{1JK}$	$y_{1J.}$	V_{2J}	$y_{2J1} \ldots y_{2JK}$	$y_{2J.}$	
		$y_{1..}$			$y_{2..}$	...

$$y_{ijk} = m + t_i + v_{ij} + e_{ijk}$$

$$SQTotal = \sum_{ijk} y_{ijk}^2 - C \quad \text{onde} \quad C = \frac{(\sum_{ijk} y_{ijk})^2}{IJK}$$

$$SQMachos = \frac{1}{JK}\sum_i y_{i..}^2 - C$$

$$SQFêmeas\, d.\, machos = \frac{1}{K}\sum_{ij} y_{ij.}^2 - \frac{1}{JK}\sum_i y_{i..}^2$$

$$SQFilhos\, d.\, fêmeas\, d.\, machos = \sum_{ijk} y_{ijk}^2 - \frac{1}{K}\sum_{ij} y_{ij.}^2$$

$$E[\sum_{ijk} y_{ijk}^2] = \sum_{ijk} E[m + t_i + v_{ij} + e_{ijk}]^2$$
$$= \sum_{ijk} E[m^2 + t_i^2 + v_{ij}^2 + e_{ijk}^2 + d.p.]$$

$$E[\sum_{ijk} y_{ijk}^2] = IJKm^2 + IJK\sigma_t^2 + IJK\sigma_v^2 + IJK\sigma^2 \quad \textbf{[1]}$$

$$E(C) = \frac{1}{IJK} E[(\sum_{ijk} y_{ijk})^2]$$
$$= \frac{1}{IJK} E[IJKm + JK\sum_i t_i + K\sum_{ij} v_{ij} + \sum_{ijk} e_{ijk}]^2$$
$$= \frac{1}{IJK}(I^2J^2K^2m^2 + IJ^2K^2\sigma_t^2 + IJK^2\sigma_v^2 + IJK\sigma^2)$$

$$E(C) = IJKm^2 + JK\sigma_t^2 + K\sigma_v^2 + \sigma^2 \quad \textbf{[2]}$$

$$E[\frac{1}{JK}\sum_i y_{i..}^2] = \frac{1}{JK}\sum_i E[(JKm + JKt_i + K\sum_j v_{ij} + \sum_{jk} e_{ijk})^2]$$
$$= \frac{1}{JK}(J^2K^2m^2 + J^2K^2\sigma_t^2 + JK^2\sigma_v^2 + JK\sigma^2)$$

$$= IJKm^2 + IJK\sigma_t^2 + IK\sigma_v^2 + I\sigma^2 \quad \textbf{[3]}$$

$$E[\frac{1}{K}\sum_{ij} y_{ij..}^2] = \frac{1}{K}\sum_{ij} E[Km + Kt_i + Kv_{ij} + \sum_k e_{ijk}]^2$$
$$= \frac{1}{K}\sum_{ij}(K^2m^2 + K^2\sigma_t^2 + K^2\sigma_v^2 + K\sigma^2)$$

$$= IJKm^2 + IJK\sigma_t^2 + IJK\sigma_v^2 + IJ\sigma^2 \quad \textbf{[4]}$$

$$\therefore E(SQMachos) = \textbf{[3]} - \textbf{[2]} = IJKm^2 + IJK\sigma_t^2 + IK\sigma_v^2 + I\sigma^2$$
$$- IJKm^2 - JK\sigma_t^2 - K\sigma_v^2 - \sigma^2$$
$$= JK(I-1)\sigma_t^2 - K(I-1)\sigma_v^2 + (I-1)\sigma^2$$

$$\therefore\ E(QMMachos) = \frac{1}{I-1}E(SQMachos) = JK\sigma_t^2 + K\sigma_v^2 + \sigma^2$$

$$\begin{aligned} E(SQFêmeas\,d.\ machos) = [4]-[3] = {} & IJKm^2 + IJK\sigma_t^2 + IJK\sigma_v^2 + IJ\sigma^2 \\ & - IJKm^2 - IJK\sigma_t^2 - IK\sigma_v^2 - I\sigma^2 \\ = {} & IK(J-1)\sigma_v^2 + I(J-1)\sigma^2 \end{aligned}$$

$$\therefore\ E(QMFêmeas\,d.\ machos) = \frac{1}{I(J-1)}E(SQFêmeas\,d.\ machos) = K\sigma_v^2 + \sigma^2$$

$$\begin{aligned} E(SQFilhos\,d.\,fêmeas\,d.machos) = [1]-[4] = {} & IJKm^2 + IJK\sigma_t^2 + IJK\sigma_v^2 + IJK\sigma^2 \\ & - IJKm^2 - IJK\sigma_t^2 - IJK\sigma_v^2 - IJ\sigma^2 \\ = {} & IJ(K-1)\sigma^2 \end{aligned}$$

$$\therefore\ E(QMFilhos\,d.\,fêmeas\,d.\ machos) = \sigma^2$$

O esquema da análise de variância com os componentes de variância fica:

Causas de variação	GL	QM	E(QM)	F
Entre machos	$I-1$	V_1	$\sigma^2 + K\sigma_v^2 + JK\sigma_t^2$	V_1 / V_2
Entre fêmeas d. machos	$I(J-1)$	V_2	$\sigma^2 + K\sigma_v^2$	V_2 / V_3
Entre filhos d. fêmeas d. machos	$IJ(K-1)$	V_3	σ^2	
	$IJK-1$			

As estimativas dos componentes de variância são obtidas pelas seguintes expressões:

$$\hat{\sigma}^2 = V_3 = QMResíduo = QMFilhos\ d.\ fêmeas\ d.\ machos$$

$$\hat{\sigma}_v^2 = \frac{V_2 - V_3}{K} \quad \text{e} \quad \hat{\sigma}_t^2 = \frac{V_1 - V_2}{JK}$$

A **interpretação genética** desses componentes de variância é a seguinte:

$$\sigma_t^2 = \frac{1}{4} V_A$$

$$\sigma_v^2 = \frac{1}{4} V_A + \frac{1}{4} V_D \quad \text{ou} \quad \sigma_v^2 = \frac{1}{4} V_A + \frac{1}{4} V_D + V_C$$

onde: V_A = variância aditiva

V_D = variância dominante

V_C = variância do meio comum (ex.: intrauterina)

$\sigma^2 = \frac{1}{2} V_A + \frac{3}{4} V_D + V_E$ onde V_E = variância ambiental ou

$$\sigma^2 = \frac{1}{2} V_A + \frac{3}{4} V_D + V_E + V_C$$

Logo, no sentido restrito, temos que:

$$h^2 = \frac{4\hat{\sigma}_t^2}{\hat{\sigma}_t^2 + \hat{\sigma}_v^2 + \hat{\sigma}^2}$$

Obs.: A esses resultados genéticos para os componentes de variância chegou-se admitindo-se as informações de Falconer (1960), ou seja:

$$Cov_{MIP} = \frac{1}{4} V_A$$

$$Cov_{IG} = \frac{1}{2} V_A + \frac{1}{4} V_D$$

Obs.: No caso do modelo de classificação hierárquica não balanceada, o resultado para os componentes de variância é:

Causas de variação	GL	QM	E(QM)
Machos	$I - 1$	V_1	$\sigma^2 + K_2\sigma_v^2 + K_3\sigma_t^2$
Fêmeas d. machos	$\sum_i n_i - I$	V_2	$\sigma^2 + K_1\sigma_v^2$
Filhos d. fêmeas d. machos	$N - \sum_i n_i$	V_3	σ^2
	$N - 1$		

onde: n_i = número de fêmeas/touro

$$K_1 = \frac{1}{\sum_i n_i - I}[N - \sum_i \frac{\sum_j N_{ij}^2}{N_{i.}}]$$

$$K_2 = \frac{1}{I-1}[\sum_i \sum_j N_{ij}^2 (\frac{1}{N_{i.}} - \frac{1}{N})]$$

$$K_3 = \frac{1}{I-1}[N - \frac{\sum_i N_{i.}^2}{N}]$$

onde: N_{ij} = número de filhos da fêmea j com o macho i

N_i = total de filhos do macho i

N = número total de observações $\therefore$ $N = N_{..}$

17

A PRESENÇA DE CORRELAÇÃO INTRACLASSE (NEGATIVA) OCASIONANDO ESTIMATIVAS NEGATIVAS DE COMPONENTES DE VARIÂNCIA

Vimos no capítulo anterior que para o modelo de classificação hierárquica com três estágios temos:

Causas de variação	GL	QM	E(QM)
Entre machos	$I-1$	V_1	$\sigma^2 + K\sigma_v^2 + JK\sigma_t^2$
Entre fêmeas d. machos	$I(J-1)$	V_2	$\sigma^2 + K\sigma_v^2$
Entre filhos d. fêmeas d. machos	$IJ(K-1)$	V_3	σ^2
Total	$IJK-1$		

Se $V_2 < V_3$, isso implica que $\hat{\sigma}_v^2 = \dfrac{V_2 - V_3}{K} < 0$.

Então, uma das alternativas para se controlar esta situação é admitirmos que $\sigma_v^2 = 0$ e, portanto, aceitar $\hat{\sigma}_v^2 = 0$.

A seguir eliminamos o efeito correspondente do modelo, mantemos a mesma análise da variância e admitimos que esteja ocorrendo uma correlação negativa intraclasse, isto é, entre indivíduos dentro de parcelas. Com isso, obtemos novos estimadores para os componentes de variância.

Na prática, essa situação pode ocorrer, por exemplo, em ensaios com cana-de-açucar em que admitimos uma correlação negativa entre colmos d. touceiras (quanto mais um colmo se desenvolve dentro de uma touceira, mais ele dificulta o desenvolvimento dos demais).

Em ensaios com suínos, se dentro de uma ninhada um leitão se beneficia por melhor aleitamento, ele prejudica ou dificulta o aleitamento de seus irmãos.

Consideremos, para efeito de estudo, o modelo referente aos ensaios em classificação hierárquica de três estágios, conforme trabalho sobre determinações tecnológicas da cana-de-açúcar de Pimentel Gomes et. al. (1964).

$$y_{ijk} = m + b_i + t_{ij} + e_{ijk}$$

onde: m é a média geral

b_i com $i = 1, 2, \ldots, I$, é o efeito de blocos, suposto fixo $\therefore E(b_i) = b_i$, $E(b_i^2) = b_i^2$ e $\sum_i b_i = 0$

t_{ij} com $j = 1, 2, \ldots, J$, é o efeito de touceiras d. blocos suposto aleatório, $NID(0, \sigma_t^2) \therefore E(t_{ij}) = 0$ e $E(t_{ij})^2 = \sigma_t^2$

e_{ijk} com $k = 1, 2, \ldots, K$, é o efeito de colmos d. touceiras d. blocos, suposto aleatório, $NID(0, \sigma^2) \therefore E(e_{ijk}) = 0$ e $E(e_{ijk}^2) = \sigma^2$

Vamos admitir, no entanto, que para algumas das propriedades tecnológicas tenhamos $V_2 < V_3$ e, portanto, aceitarmos que esteja ocorrendo correlação negativa entre colmos d. touceiras.

Nessas condições, temos:

$$E(e_{ijk} \cdot e_{i'j'k'}) = \begin{cases} \sigma^2 & \text{se } i = i', j = j' \text{ e } k = k' \\ \rho\sigma^2 & \text{se } i = i', j = j' \text{ e } k \neq k' \\ 0 & \text{nos demais casos} \end{cases}$$

Ao admitirmos que se $\hat{\sigma}_t^2 = \dfrac{V_2 - V_3}{K} < 0 \Rightarrow \hat{\sigma}_t^2 \cong 0$ e, portanto, aceitarmos $\sigma_t^2 = 0$, devemos eliminar t_{ij} do modelo. Logo o modelo original

$$y_{ijk} = m + b_i + t_{ij} + e_{ijk}$$

passa a

$$y_{ijk} = m + b_i + e_{ijk}$$

apenas para efeito das $E(QM)$.

As expressões das *SQ* são:

$$SQTotal = \sum_{ijk} y_{ijk}^2 - C \quad \text{onde: } C = \frac{(\sum_{ijk} y_{ijk})^2}{IJK}$$

$$SQBlocos = \frac{1}{JK}\sum_{i} y_{i..}^2 - C$$

$$SQTouceiras\ d.\ blocos = \frac{1}{K}\sum_{ij} y_{ij.}^2 - \frac{1}{JK}\sum_{i} y_{i..}^2$$

$$SQColmos\ d.\ touceiras\ d.\ blocos = \sum_{ijk} y_{ijk}^2 - \frac{1}{K}\sum_{ij} y_{ij.}^2$$

$$\begin{aligned} E[\sum_{ijk} y_{ijk}^2] &= \sum_{ijk} E[(m + b_i + e_{ijk})]^2 \\ &= \sum_{ijk} E[m^2 + b_i^2 + e_{ijk}^2 + 2mb_i + outros\ d.p.] \\ &= IJKm^2 + JK\sum_{i} b_i^2 + IJK\sigma^2 \end{aligned} \qquad \textbf{[1]}$$

$$\begin{aligned} E(C) &= \frac{1}{IJK} E[\sum_{ijk} y_{ijk}]^2 = \frac{1}{IJK} E[(IJKm + JK\sum_{i} b_i + \sum_{ijk} e_{ijk})]^2 \\ &= \frac{1}{IJK} E[I^2J^2K^2m^2 + (\sum_{ijk} e_{ijk})^2 + d.p.] \\ &= \frac{1}{IJK}[I^2J^2K^2m^2 + 2IJC_K^2\rho\sigma^2 + IJK\sigma^2] \\ &= \frac{1}{IJK}[I^2J^2K^2m^2 + IJK\sigma^2 + 2\rho IJ\frac{K(K-1)}{2}\sigma^2] \\ &= IJKm^2 + \sigma^2 + \rho(K-1)\sigma^2 \end{aligned}$$

$$E(C) = IJKm^2 + [1 + \rho(K-1)]\sigma^2 \qquad \textbf{[2]}$$

Chegamos a este resultado porque

$$E[(\sum_{ijk} e_{ijk})^2] = E[(\underbrace{e_{111} + e_{112} + ... + e_{11K}}_{corr.} + \underbrace{e_{121} + ... + e_{12K}}_{corr.} + ... +$$

$$+ \underbrace{e_{1J1} + e_{1J2} + ... + e_{1JK}}_{corr.} + ... + \underbrace{e_{IJ1} + e_{IJ2} + ... + e_{IJK}}_{corr.})^2]$$

$$= IJK\sigma^2 + 2IJC_K^2\rho\sigma^2$$

$$E[\frac{1}{JK}\sum_i y_{i..}^2] = \frac{1}{JK}\sum_i E(y_{i..}^2)$$

$$= \frac{1}{JK}\sum_i E[(JKm + JKb_i + \sum_{jk} e_{ijk}]^2$$

$$= \frac{1}{JK}\sum_i [E(J^2K^2m^2 + J^2K^2b_i^2 + (\sum_{jk} e_{ijk})^2 + 2J^2K^2mb_i + $$

$$+ outros\ d.p.)]$$

$$= \frac{1}{JK}\sum_i [J^2K^2m^2 + J^2K^2b_i^2 + JK\sigma^2 + 2JC_K^2\rho\sigma^2 + 2J^2K^2mb_i]$$

$$= IJKm^2 + JK\sum_i b_i^2 + I\sigma^2 + \frac{2}{K}\frac{K(K-1)}{2}I\rho\sigma^2$$

$$= IJKm^2 + JK\sum_i b_i^2 + I[1 + \rho(K-1)]\sigma^2 \qquad \textbf{[3]}$$

$$\frac{1}{K}E[\sum_{ij} y_{ij.}^2] = \frac{1}{K}\sum_{ij} E(y_{ij.}^2)$$

$$= \frac{1}{K}\sum_{ij} E[(Km + Kb_i + \sum_k e_{ijk})]^2$$

$$= \frac{1}{K}\sum_{ij} E[K^2m^2 + K^2b_i^2 + (\sum_k e_{ijk})^2 + 2K^2mb_i + outros\ \text{d.p.}]$$

$$= IJKm^2 + JK\sum_i b_i^2 + \frac{1}{K}\sum_{ij}[K\sigma^2 + 2C_K^2\rho\sigma^2]$$

$$= IJKm^2 + JK\sum_i b_i^2 + IJ\sigma^2 + IJ(K-1)\rho\sigma^2$$

$$= IJKm^2 + JK\sum_i b_i^2 + IJ[1+(K-1)\rho]\sigma^2 \qquad [4]$$

$$\therefore\ E(SQBlocos) = [3]-[2] = JK\sum_i b_i^2 + (I-1)[1+\rho(K-1)]\sigma^2$$

$$E(QMBlocos) = \frac{JK}{I-1}\sum_i b_i^2 + [1+\rho(K-1)]\sigma^2$$

$$E(\text{SQTouceira d. blocos}) = [4]-[3] = I(J-1)[1+\rho(K-1)]\sigma^2$$

$$E(QMTouceira\ d.\ blocos) = [1+\rho(K-1)]\sigma^2$$

$$\begin{aligned} E(SQColmos\ d.\ touceira\ d.\ blocos) = [1]-[4] &= IJK\sigma^2 - IJ[1+(K-1)\rho]\sigma^2 \\ &= IJK\sigma^2 - IJ\sigma^2 - IJ(K-1)\rho\sigma^2 \\ &= IJ(K-1)\sigma^2 - IJ(K-1)\rho\sigma^2 \\ &= IJ(K-1)[1-\rho]\sigma^2 \end{aligned}$$

$$\therefore\ E(QMColmos\ d.\ touceira\ d.\ blocos) = (1-\rho)\sigma^2$$

Logo, o quadro da análise de variância com as $E(QM)$, no caso de $V_2 < V_3$, fica:

Causas de variação	GL	QM	E(QM)
Blocos	$I-1$	V_1	$[1+(K-1)\rho]\sigma^2 + JK\Phi_b$
Touceira d. blocos	$I(J-1)$	V_2	$[1+(K-1)\rho]\sigma^2$
Colmos d. touceiras d. blocos	$IJ(K-1)$	V_3	$(1-\rho)\sigma^2$
Total	$IJK-1$		

onde: $\Phi_b = \dfrac{\sum_i b_i^2}{I-1}$

Se o modelo fosse aleatório, teríamos $JK\sigma_b^2$ em lugar de $JK\Phi_b$ na linha de blocos. A sua estimativa seria obtida por:

$$\hat{\sigma}_b^2 = \frac{V_1 - V_2}{JK}$$

Vejamos, agora, como obter os estimadores de ρ e de σ^2.

$$\begin{cases} [1+(K-1)\hat{\rho}]\hat{\sigma}^2 = V_2 \\ (1-\hat{\rho})\hat{\sigma}^2 = V_3 \quad \Rightarrow \quad \hat{\sigma}^2 = \dfrac{V_3}{1-\hat{\rho}} \end{cases}$$

$$[1+(K-1)\hat{\rho}]\frac{V_3}{1-\hat{\rho}} = V_2$$

$$[1+(K-1)\hat{\rho}]V_3 = V_2(1-\hat{\rho})$$

$$V_3(K-1)\hat{\rho} + V_2\hat{\rho} = V_2 - V_3$$

$$\hat{\rho}[(K-1)V_3 + V_2] = V_2 - V_3$$

$$\hat{\rho} = \frac{V_2 - V_3}{V_2 + (K-1)V_3} \quad \text{se } V_2 < V_3 \Rightarrow \hat{\rho} < 0$$

$$\hat{\sigma}^2 = \frac{V_3}{1 - \dfrac{V_2 - V_3}{V_2 + (K-1)V_3}} = \frac{V_3[V_2 + (K-1)V_3]}{V_2 + (K-1)V_3 - V_2 + V_3} = \frac{V_3[V_2 + (K-1)V_3]}{(K-1+1)V_3}$$

$$\hat{\sigma}^2 = \frac{V_2 + (K-1)V_3}{K}$$

Exemplo:

Os dados de pesos de colmos de cana, em kg, da variedade CB40-69 segundo o trabalho "Amostragem da cana-de-açucar para determinações tecnológicas, de F. Pimentel Gomes et al. deram o resultado a seguir para a análise de variância.

Causas de variação	GL	QM	E(QM)
Blocos	1	$3,7489 = V_1$	
Touceira d. blocos	28	$0,3381 = V_2$	$[1+(K-1)\rho]\sigma^2$
Colmos d. touceiras d. blocos	90	$0,3442 = V_3$	$(1-\rho)\sigma^2$

$$\therefore\ \hat{\rho} = \frac{V_2 - V_3}{(K-1)V_3 + V_2} = \frac{0,3381 - 0,3442}{(4-1)\,0,3442 + 0,3381} = -\,0,0045$$

$$\hat{\sigma}^2 = \frac{(K-1)V_3 + V_2}{K} = \frac{(4-1)\,0,3442 + 0,3381}{4} = 0,3427,$$ com n GL, dados por Satterthwaite.

Obs.: No caso do modelo matemático:

$$y_{ijk} = m + t_i + e_{ij} + \varepsilon_{ijk}$$

referente aos ensaios inteiramente ao acaso, com K amostras por parcelas, o resultado para as $E(QM)$, suposta a correlação negativa entre plantas d. parcelas, fica:

Causas de Variação	GL	QM	E(QM)
Tratamentos	$I-1$	V_1	$[1+(K-1)\rho]\sigma_\varepsilon^2 + JK\sigma_t^2$
Resíduo	$I(J-1)$	V_2	$[1+(K-1)\rho]\sigma_\varepsilon^2$
(Parcelas)	$(IJ-1)$		
Entre indivíduos de parcelas	$IJ(K-1)$	V_3	$(1-\rho)\sigma_\varepsilon^2$
Total	$IJK-1$		

Admitimos, nesse caso, que $\sigma_e^2 = 0 \therefore\ \hat{\sigma}_e^2 \cong 0$ e, com isso, o modelo passa a: $y_{ijk} = m + t_i + \varepsilon_{ijk}$

18

OBTENÇÃO DE COMPONENTES DE VARIÂNCIA PELO PROCESSO MATRICIAL

Os aspectos abordados neste capítulo são de ordem geral, ou seja, o processo se aplica a qualquer modelo matemático, especialmente aos que foram estudados neste livro.

Seja Y um vetor de *n* observações, tal que

$$Y \sim N(\mu, V).$$

Define-se

$$Y'AY$$

como sendo uma forma quadrática, em que A é uma matriz de dimensões *n*x*n*. Demonstra-se que:

$$E\left(Y'AY\right) = tr(AV) + \mu' A\mu$$

onde *tr*(*AV*) representa o traço da matriz *AV*.

Como $E(Y) = \mu$ e $V(Y) = V$, então:

$$E(YY') = E(Y)E(Y') + Var(YY') = \mu \cdot \mu' + V(Y) = V + \mu \cdot \mu'.$$

Logo:

$$E(Y'AY) = E\left[tr(AYY')\right] = tr\left[E(AYY')\right] = tr\left[AE(YY')\right] = tr[A(V + \mu\mu')] = tr(AV) + tr(A\mu\mu')$$

e portanto

$$E(Y'AY) = tr(AV) + \mu' A \mu$$

Uma vez conhecido o modelo matemático correspondente a determinado experimento, podemos encontrar a matriz A referente a ele. Sabemos que as somas de quadrados de uma tabela de análise de variância podem ser expressas como formas quadráticas. Nosso objetivo é encontrar as E(QM) que são função das E(SQ).

Para o modelo de um experimento inteiramente ao acaso temos que:

$$SQTrat. = \sum_i \hat{t}_i T_i = \sum_i (\hat{m}_i - \hat{m}) T_i = \frac{1}{R}\sum_i T_i^2 - C = \frac{1}{R}\sum_i T_i T_i - C = \frac{1}{R}\left[T_1 \; T_2 \; \ldots \; \mathrm{T}_I\right]\begin{bmatrix} T_1 \\ T_2 \\ \ldots \\ T_I \end{bmatrix} - C$$

$$= \frac{1}{R}\left[\; Y_{11} + Y_{12} + \ldots + Y_{1R} \quad Y_{21} + Y_{22} + \ldots + Y_{2R} \quad \ldots \quad Y_{I1} + Y_{I2} + \ldots + Y_{IR} \;\right]\begin{bmatrix} T_1 \\ T_2 \\ \ldots \\ T_I \end{bmatrix} - C$$

$$= \frac{1}{R} Y' X_T X_T' Y - \frac{1}{n} Y' J Y = Y'\left[\frac{1}{R} X_T X_T' - \frac{1}{n} J\right] Y$$

em que R é o número de repetições, $n = IR$ é o número total de observações, J = 1.1' e

$$A = \frac{1}{R} X_T X_T' - \frac{1}{n} J:$$

Logo,

$$E(SQTrat) = \left[\frac{1}{R} tr(X_T X_T') - \frac{1}{n} tr(J)\right]\sigma^2 + \mu'\left(\frac{1}{R} X_T X_T' - \frac{1}{n} J\right)\mu$$

Como $\mu = E(Y) = X_T \alpha$, onde $\alpha = (\alpha_1, \alpha_2, \ldots, \alpha_I)'$, então:

$$\mu'\left(\frac{1}{R} X_T X_T' - \frac{1}{n} J\right)\mu = \alpha' X_T'\left(\frac{1}{R} X_T X_T' - \frac{1}{n} J\right) X_T \alpha = \alpha'\left(\frac{1}{R} X_T' X_T X_T' X_T - \frac{1}{n} X_T' J X_T\right)\alpha$$

CAPÍTULO 18

Mas

$$X_T'X_T = \begin{bmatrix} 1 & 1 & \dots & 1 & 0 & 0 & \dots & 0 & \dots & 0 & 0 & \dots & 0 \\ 0 & 0 & \dots & 0 & 1 & 1 & \dots & 1 & \dots & 0 & 0 & \dots & 0 \\ \dots & \dots & \dots & \dots & \dots & \dots & \dots & \dots & \dots & \dots & \dots & \dots & \dots \\ 0 & 0 & \dots & 0 & 0 & 0 & \dots & 0 & \dots & 1 & 1 & \dots & 1 \end{bmatrix} X_T = \begin{bmatrix} R & 0 & \dots & 0 \\ 0 & R & \dots & 0 \\ \dots & \dots & \dots & \dots \\ 0 & 0 & \dots & R \end{bmatrix} = RI_I$$

Portanto

$$\alpha'\left(\frac{1}{R}X_T'X_TX_T'X_T - \frac{1}{n}X_T'JX_T\right)\alpha = R\alpha'\alpha - \frac{1}{n}\alpha'X_T'JX_T\alpha = R\alpha'\alpha - \frac{1}{n}\alpha'X_T'11'X_T\alpha = R\alpha'\alpha - \frac{1}{n}\left(\alpha'X_T'1\right)^2$$

Mas

$$\alpha'X_T'1 = \begin{bmatrix} \alpha_1 & \alpha_2 & \cdots & \alpha_I \end{bmatrix} \begin{bmatrix} 1 & 1 & \dots & 1 & 0 & 0 & \dots & 0 & \dots & 0 & 0 & \dots & 0 \\ 0 & 0 & \dots & 0 & 1 & 1 & \dots & 1 & \dots & 0 & 0 & \dots & 0 \\ \dots & \dots & \dots & \dots & \dots & \dots & \dots & \dots & \dots & \dots & \dots & \dots & \dots \\ 0 & 0 & \dots & 0 & 0 & 0 & \dots & 0 & \dots & 1 & 1 & \dots & 1 \end{bmatrix} \begin{bmatrix} 1 \\ 1 \\ \dots \\ 1 \end{bmatrix}$$

$$= \begin{bmatrix} \alpha_1 & \alpha_2 & \dots & \alpha_I & \alpha_1 & \alpha_2 & \dots & \alpha_I & \dots & \alpha_1 & \alpha_2 & \dots & \alpha_I \end{bmatrix} \begin{bmatrix} 1 \\ 1 \\ \dots \\ 1 \end{bmatrix} = R\sum_{i=1}^{I}\alpha_i$$

Logo,

$$\frac{1}{n}\alpha'X_T'JX_T\alpha = \frac{1}{n}R\sum_i\alpha_i R\sum_i\alpha_i = \frac{1}{n}R^2\left(\sum_i\alpha_i\right)^2 = \frac{1}{I}R\left(\sum_i\alpha_i\right)^2$$

e

$$R\alpha'\alpha - \frac{1}{n}R^2\left(\sum_i\alpha_i\right)^2 = R\alpha'\alpha - \frac{1}{n}RI\left(\frac{\sum_i\alpha_i}{I}\right)^2 = R\sum_i^I(\alpha_i^2 - \bar{\alpha}^2) = R\sum_i^I(\alpha_i - \bar{\alpha})^2$$

Portanto

$$E\left(SQTrat\right) = \left[\frac{1}{R}tr\left(X_TX_T\right) - \frac{1}{n}tr\left(J\right)\right]\sigma^2 + \mu'\left(\frac{I}{R}X_TX_T' - \frac{1}{n}J\right)\mu$$

Mas $tr\left(X_T X_T'\right) = tr\left(X_T' X_T\right) = IR = n$ e $tr\left(J\right) = n$

então, $\frac{1}{R} tr\left(X_T X_T'\right) = \frac{1}{R} IR = I$ e $\frac{1}{n} tr\left(J\right) = 1$

Logo

$$\left[\frac{1}{R} tr\left(X_T X_T'\right) - \frac{1}{n} tr\left(J\right)\right]\sigma^2 = \left(I-1\right)\sigma^2 \text{ e}$$

$$\mu'\left(\frac{I}{R} X_T X_T' - \frac{1}{n} J\right)\mu = R\left(\sum_i \alpha_i^2 - I\bar{\alpha}^2\right)$$

Portanto

$$E\left(SQTrat\right) = R\left(\sum_i \alpha_i^2 - I\bar{\alpha}^2\right) + \left(I-1\right)\sigma^2$$

e

$$E\left(QMTrat\right) = R\left(\frac{\sum_i \alpha_i^2 - I\bar{\alpha}^2}{I-1}\right) + \sigma^2$$

Se admitirmos que $\sum_i \alpha_i = 0$, então

$$E\left(QMTrat\right) = R\left(\frac{\sum_i \alpha_i^2}{I-1}\right) + \sigma^2 = R\Phi_\alpha + \sigma^2$$

onde: $\Phi_\alpha = \left(\frac{\sum_i \alpha_i^2}{I-1}\right)$

19

EXERCÍCIOS

19.1. Numa estação experimental, *I* touros foram acasalados, cada um com *J* vacas diferentes. De cada acasalamento surgiram *K* bezerros, cujos pesos ao nascer são representados pelo modelo matemático

$$Y_{ijk} = m + t_i + v_j + (tv)_{ij} + e_{ijk}$$

onde t_i é o efeito do touro; v_j, o efeito da vaca; $(tv)_{ij}$ e o da interação touro x vacas e e_{ijk} o efeito ambiental (ou erro experimental). Considerando apenas m fixo e os demais aleatórios, com médias zero e variâncias σ_t^2, σ_v^2, σ_{tv}^2, σ^2, respectivamente, que sejam independentes, pede-se:

19.1.1. Calcular:

a) $E(y_{ijk})$, $E(y_{ijk})^2$ e $V(y_{ijk})$

b) A covariância entre dois meios-irmãos paternos (mesmo pai e mães diferentes).

c) A covariância entre dois meios-irmãos maternos (mesma mãe e pais diferentes).

d) A covariância entre dois irmãos germanos (mesmo pai e mesma mãe).

e) $V(\bar{y}_i)$, $V(\bar{y}_j)$ e $V(\bar{y})$.

19.1.2. Que orientação você daria num experimento desse tipo, visando diminuir a $V(\bar{y})$?

19.1.3. No mesmo problema, considere v_j, tv_{ij} e e_{ijk} aleatórios e m e t_i fixos. Recalcule a, b, c, d, e.

19.2. Realizou-se um ensaio num delineamento inteiramente casualizado com dois tratamentos e quatro repetições.

Admitida a restrição $\sum_i \hat{t}_i = 0$, foram obtidas as seguintes soluções de mínimos quadrados:

$$\hat{t}_1 = \frac{T_1}{4} - \hat{m} \text{, onde } T_1 = y_{1.} \text{ e } \hat{m} = \frac{y_{..}}{8}$$

$$\hat{t}_2 = \frac{T_2}{4} - \hat{m} \text{, onde } T_2 = y_{2.}$$

Para a restrição $2\hat{t}_1 + 3\hat{t}_2 = 0$, as expressões passam a ser:

$$\hat{t}_1 = \frac{3}{20}\left(T_1 - T_2\right) \text{ e } \hat{t}_2 = \frac{1}{10}\left(T_2 - T_1\right)$$

onde T_1 e T_2 têm o mesmo significado visto anteriormente.

Os resultados experimentais permitiram obter as seguintes estimativas para os efeitos de tratamentos:

Para a restrição $\hat{t}_1 + \hat{t}_2 = 0$:

$$\hat{t}_1 = -10{,}75 \text{ e } \hat{t}_2 = 10{,}75$$

Para a restrição $2\hat{t}_1 + 3\hat{t}_2 = 0$:

$$\hat{t}_1 = -12{,}9 \text{ e } \hat{t}_2 = 8{,}6$$

Sabendo que a SQResíduo, com 6 *GL*, foi igual a 319,00 e admitindo o modelo matemático fixo, pede-se, para os dois casos de restrições:

19.2.1. Deduzir:

a) $V(\hat{t}_1)$, $V(\hat{t}_2)$ e $COV(\hat{t}_1, \hat{t}_2)$.

b) $V(\hat{t}_1 - \hat{t}_2)$.

c) $V(\hat{m}_1) = V(\bar{y}_1)$ e $V(\hat{m}_2) = V(\bar{y}_2)$.

d) $COV(\hat{m}_1, \hat{m}_2)$.

e) $V(\hat{m}_1 - \hat{m}_2)$.

19.2.2. Calcular as estimativas correspondentes aos casos anteriores.

19.2.3. Observar os resultados obtidos no item b **para as duas restrições e concluir.**

19.2.4. Comparar e justificar os resultados obtidos nos itens b **e** e **para uma das restrições.**

19.3. Fazer a análise da variância dos dados a seguir, de um ensaio inteiramente ao acaso, e estimar os componentes de variância σ_t^2 e σ^2 e a variância total.

Dados de ganho de peso, em kg, de bovinos de cinco raças de corte.

Raças	1ª rep.	2ª rep.	3ª rep.	4ª rep.	5ª rep.	6ª rep.
A	50	53	48	60	57	62
B	73	80	87	76	90	68
C	52	63	59	60	53	57
D	85	78	88	78	75	90
E	72	74	69	71	67	70

Calcule a variância dentro de cada raça e verifique:

19.3.1. Se a condição de homogeneidade de variâncias está satisfeita pelo teste $F_{máx.}$.

19.3.2. Se a média dessas variâncias é igual a $\hat{\sigma}^2$.

19.3.3. Que importância tem a homogeneidade de variâncias para a estimação de componentes de variância?

19.4. Os dados a seguir foram retirados de um trabalho publicado por H. Vaz de Arruda e L. Leiderman nos Anais do IV Seminário Brasileiro de Herbicidas de Pré-emergência, em Batatinha.

Número de ervas (capim gordura) em 0,09 m^2 de área tomada ao acaso em cada uma das cincos linhas constituintes de cada canteiro.

Repetições	Tratamentos						
	Test.	A	B	C	D	E	
	124	84	132	62	6	81	
	105	184	116	17	9	148	
I	105	181	35	53	15	112	
	94	280	36	70	0	161	
	145	273	24	52	0	108	
	573	1.002	343	254	30	610	2.812
	190	436	110	34	5	25	
	222	312	93	31	6	25	
II	430	380	381	70	4	180	
	220	229	340	112	0	47	
	360	324	36	97	0	150	
	1.422	1.681	960	344	15	427	4.849

(continua)

Repetições	Tratamentos						
	Test.	A	B	C	D	E	
	181	160	140	7	1	20	
	75	290	125	28	0	20	
III	166	160	21	46	2	21	
	286	275	40	39	0	39	
	149	256	21	73	2	8	
	857	1.141	347	193	5	108	2.651
	80	457	1	155	0	20	
	268	320	13	170	1	66	
IV	203	306	44	130	0	12	
	158	217	96	195	1	10	
	217	90	225	170	0	20	
	926	1.390	379	820	2	128	3.645
	3.778	5.214	2.029	1.611	52	1.273	13.957

Considerando o modelo matemático:

$$y_{ijk} = m + t_i + e_{ij} + \varepsilon_{ijk}$$

onde: m é o efeito da média geral, considerado fixo

t_i é o efeito de tratamentos, considerado fixo e com $i = 1, 2, ..., 6$

e_{ij} é o erro experimental, considerado aleatório, NID com média zero e variância σ^2_ε e com $j = 1, 2, 3, 4$

ε_{ijk} é o erro amostral, considerado aleatório, NID com média zero e variância σ^2_ε e com $k = 1, 2, ..., 5$

Considerando ainda que os erros do modelo são todos não correlacionados entre si, pede-se:

19.4.1. Fazer a análise da variância.

19.4.2. Estimar os componentes σ_ε^2 e σ_e^2.

19.4.3. Estimar a variância da média geral.

19.4.4. Considerar $J = 10, K = 2$, as mesmas estimativas de σ_e^2 e de σ_ε^2 e estimar $V(\bar{y})$.

19.4.5. Repetir os cálculos para os dados transformados em $\sqrt{x+1}$.

19.5. Os dados a seguir referem-se aos pesos de animais da raça bovina de corte, Canchim, aos 18 meses de idade, descendentes de nove vacas.

número da vaca	Pesos dos animais, aos 18 meses, em kg						
01	200	340	330	260	270	310	320
02	300	260	240	200			
03	350	250					
04	310	200	330	230	330	200	230
05	220	330	240	280	270		
06	290	290	294	320	310	260	360
07	300	335	320	250	280	345	
08	305	260	350				
09	250	280	260	230	300		

Admitindo que todas as vacas foram inseminadas artificialmente, com sêmen de um mesmo touro, pede-se:

19.5.1. Fazer a análise da variância, admitindo o modelo matemático:

$$y_{ij} = m + v_i + e_{ij}$$

onde m é a média geral, v_i é o efeito da vaca e e_{ij} é o erro experimental.

19.5.2. Admitir que o modelo seja aleatório e estimar os componentes de variância σ^2 e σ_v^2.

19.5.3. Obter o intervalo de confiança para σ^2, admitindo que, com 37 g.l. a ele associados, tem-se distribuição aproximadamente normal.

19.6. Deduzir os componentes de variância para o modelo inteiramente ao acaso, com número diferente de indivíduos por parcela ($k_{ij} = n_{ij}$ indivíduos em cada parcela ou *stand* variável). Admitir o mesmo número de repetições por tratamento.

19.7. Do exercício 19.5, temos o seguinte resultado relativo a pesos de bovinos da raça Canchim, em kg, aos 18 meses de idade:

Causa de variação	GL	QM	E(QM)
Tratamentos (vacas)	8	2340,41	$\sigma^2 + 5{,}04\sigma_v^2$
Resíduo	37	1961,88	σ^2

O intervalo de confiança para σ^2, usando-se o teste *t*, a 95% de probabilidade, foi:

$$1.060{,}00 \leq \sigma^2 \leq 2.863{,}77$$

Pede-se:

19.7.1. Obter o IC para σ^2, usando o x^2, ao nível de 95% de probabilidade. Comparar o resultado com aquele em que se usou o teste *t*.

19.7.2. Calcular o número de *GL* associados a $\hat{\sigma}_v^2$ e estabelecer o IC para $\hat{\sigma}_v^2$, aos níveis de 90 e 95% de probabilidade.

19.8. Obter, pelo processo prático, as E(QM) relativas ao modelo inteiramente ao acaso, com *K* indivíduos (ou amostras) por parcela, supondo:

19.8.1. modelo aleatório;

19.8.2. modelo fixo.

19.9. Deduzir os componentes de variância para o modelo de blocos casualizados

$$Y_{ij} = m + t_i + b_j + e_{ij}$$

considerado aleatório, onde:

m é a média geral

t_i, com $i = 1, 2..., I$, é o efeito do tratamento i

b_j, com $j = 1, 2..., J$, é o efeito do bloco j

e_{ij} é o erro experimental.

Supor que os efeitos no modelo são não correlacionados.

19.10. Deduzir, a partir das somas de quadrados, os componentes de variância para o modelo

$$y_{ijk} = m + a_i + b_j + ab_{ij} + e_{ijk}$$

suposto misto, com a_i fixo, sem levar em consideração as restrições

$$\sum_i ab_{ij} = 0 \text{ e } \sum_{i,j} ab_{ij} = 0$$

Fazer comentários sobre $E\left(ab_{ij}\right)^2$.

19.11. Deduzir, a partir das somas de quadrados, os componentes de variância para o modelo em blocos casualizados com *k* observações (ou amostras) por parcela:

$$y_{ijk} = m + t_i + b_j + e_{ij} + \varepsilon_{ijk}$$

Estender os resultados para os modelos fixo e misto (b_j aleatório e t_i fixo).

19.12. Cinco varrões da raça Duroc foram acasalados com cinco porcas dessa mesma raça. Os filhotes foram pesados logo após o nascimento, anotando-se o seu sexo. Sortearam-se, dentre os machos, dois de cada ninhada, cujos pesos (fictícios) constam do quadro.

Porcas	Pesos ao nascer (em kg)									
Varrões	P_1		P_2		P_3		P_4		P_5	
V_1	1,40	1,60	1,40	1,50	1,30	1,70	1,80	1,40	1,75	1,50
V_2	1,75	1,60	1,80	1,75	1,50	1,60	1,80	1,70	1,70	1,50
V_3	1,55	1,50	1,50	1,35	1,30	1,35	1,50	1,50	1,60	1,75
V_4	1,55	1,46	1,35	1,32	1,37	1,42	1,56	1,43	1,65	1,45
V_5	1,50	1,60	1,50	1,75	1,80	1,30	1,80	1,90	1,55	1,60

Admitindo-se que esses dados tenham sido ajustados para estação do ano e ordem de parição da fêmea, pede-se:

19.12.1. Admitir o modelo: $y_{ijk} = m + v_i + p_j + vp_{ij} + e_{ijk}$ e fazer a análise da variância.

19.12.2. Supor o modelo aleatório e estimar σ^2, σ^2_v, σ^2_p e σ^2_{vp}.

Você encontrou $\hat{\sigma}^2_{vp} < 0$? Considere nulo e reestruture sua análise de variância, obtendo uma nova SQResíduo e, portanto, uma nova estimativa para σ^2, para σ^2_v e σ^2_p.

19.12.3. Calcular o coeficiente de herdabilidade dado por:

$$h_1^2 = \frac{4\hat{\sigma}_v^2}{\hat{\sigma}^2 + \hat{\sigma}_v^2 + \hat{\sigma}_p^2}$$

Obs.: Se $\hat{\sigma}_{vp}^2 > 0$, essa estimativa deveria aparecer no denominador da expressão anterior. Logo:

$$h_1^2 = \frac{4\hat{\sigma}_v^2}{\hat{\sigma}^2 + \hat{\sigma}_v^2 + \hat{\sigma}_p^2 + \hat{\sigma}_{vp}^2}$$

19.12.4. Calcular $\hat{V}\left(\hat{\sigma}_p^2\right)$ e $\hat{V}\left(\hat{\sigma}_v^2\right)$.

19.12.5. Obter os intervalos de confiança para σ_p^2 e σ_v^2, ao nível de 5% de probabilidade.

19.12.6. Quanto vale, nesse exemplo, V_A e V_D, isto é, a variância aditiva e a dominante?

19.13. Realizou-se um experimento com *Drosophila melanogaster*, contando-se o total de ovos postos por fêmea, em quatro dias. Tomaram-se 25 raças e 12 fêmeas de cada uma, repetindo o experimento quatro vezes.

Sabendo-se que o resultado da análise da variância conjunta foi:

Causa de variação	GL	QM	E(QM)
Experimentos (E)	3	$46.659 = V_1$	$\sigma^2 + K\sigma_{tl}^2 + IK\sigma_l^2$
Raças (R)	24	$3.243 = V_2$	$\sigma^2 + K\sigma_{tl}^2 + JK\sigma_t^2$
Interação E * R	72	$459 = V_3$	$\sigma^2 + K\sigma_{tl}^2$
Resíduo médio	1.100	$231 = V_4$	σ^2

e que o modelo matemático admitido foi:

$$y_{ijk} = m + t_i + l_j + tl_{ij} + e_{ijk}$$

considerado aleatório, onde:

t_i é o efeito de raças

l_j é o efeito de experimentos,

pede-se:

19.13.1. Estimar os componentes de variância.

19.13.2. Deduzir a variância da média geral, considerando I raças, *K* fêmeas por raça e *J* experimentos. Calcular $\hat{V}(\bar{y})$ para esse caso.

19.13.3. Obter o IC para a média geral, ao nível de 95% de probabilidade.

19.13.4. Deduzir a variância da média de uma raça considerando *K* fêmeas por raça e *J* experimentos. Obter $\hat{V}(\bar{y}_i)$ para esse caso.

19.13.5. Obter o IC para a média de uma raça, ao nível de 95% de probabilidade.

19.14. Deduzir as E(QM) para o modelo de classificação hierárquica:

$$y_{ijk} = m + t_i + v_{ij} + e_{ijk}$$

ou

$$y_{ijk} = m + t_i + v_{(i)j} + e_{(ij)k}$$

suposto aleatório. Estender os resultados para o modelo fixo.

19.15. Os dados a seguir, obtidos do trabalho "Amostragem da cana-de-açucar para determinações tecnológicas", de F. Pimentel Gomes et al., referem-se aos teores de açúcar prováveis da cana, variedade Co-419. Foram feitos dois blocos, com quinze linhas de plantas em cada um. De cada linha sorteou-se uma touceira e, ao acaso, colheram-se quatro colmos de cada touceira que, após pesados, foram moídos separadamente e tiveram o caldo analisado.

Colmo	Bloco A					Colmo	Bloco B				
Touceira	1	2	3	4	Total	Touceira	1	2	3	4	
1	14,0	13,5	12,3	11,5	51,3	1	10,7	11,6	12,4	11,4	46,1
2	14,0	11,3	11,9	11,8	49,0	2	13,8	14,0	13,3	14,1	55,2
3	12,1	12,8	14,1	11,6	50,6	3	13,5	14,9	11,6	13,1	53,1
4	13,6	8,1	12,4	12,4	46,5	4	10,1	13,4	14,0	11,9	49,4
5	13,3	14,1	13,5	14,8	55,7	5	13,0	13,7	9,5	11,5	47,7
6	12,5	12,4	12,2	12,5	49,6	6	12,1	10,8	13,3	13,2	49,4
7	12,2	14,4	13,7	14,1	54,4	7	13,9	13,9	12,5	11,9	52,2
8	14,7	16,3	14,2	15,0	60,2	8	13,4	13,3	7,3	11,8	45,8
9	13,8	14,1	13,8	14,3	56,0	9	14,2	13,2	14,8	12,3	54,5
10	12,5	13,4	14,2	12,8	52,9	10	14,0	12,8	15,0	11,8	53,6
11	15,1	15,9	16,2	15,4	62,6	11	14,1	14,6	13,5	13,7	55,9
12	13,1	14,5	14,6	15,0	57,2	12	5,8	9,0	9,8	10,3	34,9
13	15,1	13,7	14,6	14,7	58,1	13	7,0	14,7	13,2	16,6	51,5
14	15,7	15,0	15,4	14,1	60,2	14	15,4	13,7	12,7	14,5	56,3
15	14,4	15,1	14,9	13,8	58,2	15	14,8	14,8	13,9	13,6	57,1
Total					822,5	Total					762,7

Admitindo o modelo de classificação hierárquica:

$$Y_{ijk} = m + b_i + t_{ij} + e_{ijk}$$

pede-se:

19.15.1. Fazer a análise de variância.

19.15.2. Estimar os componentes de variância, sabendo que E(QM Touc. d. blocos) = $\sigma^2 + 4\sigma_t^2$ e que E(QM Colmos d. touc. d. blocos) = σ^2.

Obs.: Blocos foram considerados de efeito fixo.

19.15.3. Deduzir a variância da média geral, considerando *I* blocos, *J* touceiras por bloco e *K* colmos por touceira.

19.15.4. Considerando $I = 1$, J.K = 20, e com base na expressão da $V(\bar{y})$ pergunta-se: do ponto de vista amostral, que procedimento é mais indicado: colher um colmo de cada uma de vinte touceiras ou vinte colmos de uma só touceira?

20

REFERÊNCIAS BIBLIOGRÁFICAS

BARBIN, D. & PIMENTEL-GOMES, F. Variância do coeficiente de herdabilidade obtido a partir de análise de variância segundo o modelo de blocos incompletos. **Ciência e Cultura**, 23: 80-3, 1971.

BEZERRA, R. C. F. **Componentes de variância – O problema de estimativas negativas.** São Paulo, 1981. 68p. Dissertação (Mestrado) – Instituto de Matemática e Estatística, USP.

BIOMETRICS. **Raleigh**. **7** (1), 1951. 113p.

FALCONER, D. S. **Introduction to quantitative genetics**. Londres: Oliver & Boyd, 1960. 365p.

GAYLOR, D. W. & HOPPER, F. N. Estimating the degrees of freedom for linear combinations of mean squares by Satterthwaite's formula. **Technometrics**, 11: 691-706, 1969.

GRAYBILL, F. A. & WORTHAN, A. W. A note on uniformily best unbiased estimators for variance components. JASA, 5: 256-68, 1956.

HICKS, C. R. **Fundamental concepts in the design of experiments.** 2. ed. Nova York: Holt, Rinehart and Winston, 1973. 349p.

JOHN, P. W. M. **Statistical design and analysis of experiments**. Nova York: The Macmillan Company, 1971. 356p.

KEMPTHORNE, O. Fixed and mixed models in the analysis of variance. **Biometrics**, 31: 473-80. 1975.

NELDER, J.A. The Interpretation of negative components of variance. **Biometrika**, 41: 544-8, 1954.

PIMENTEL GOMES, F. **Componentes de variância**. Piracicaba: Esalq/USP, 1968. 30p. (Apostila).

PIMENTEL GOMES, F.; VALSECHI, O.; ABREU, C. P.; OLIVEIRA, E. R. Amostragem de cana-de-açúcar para determinações tecnológicas. **Anais da Esalq**, 20: 89-114, 1964.

SATTERTHWAITE, F. E. An approximate distribution of estimates of variance components. **Biometrics Bulletin**, 2: 110-14, 1946.

SEARLE, S. R. **Linear models**. Nova York: John Wiley, 1971. 532p.

SEARLE, S. R. & FAWCETT, R. F. Expected mean squares in components models having finite populations. **Biometrics**, 26: 243-54, 1970.

TUKEY, J. W. One degree of freedom for non-additivity. **Biometrics**, 5:232-42, 1949.